金 工 实 习

（第二版）

（附：金工实习报告）

主　编　魏斯亮　邱小林
副主编　李　兵　黎旭初
主　审　卢险峰

北京理工大学出版社
BEIJING INSTITUTE OF TECHNOLOGY PRESS

内 容 简 介

本书为工科院校金工实习教材，全书共分四篇 14 章，内容包括：金属材料与热处理、铸造成型、锻造与钣料冲压成型、焊接成型、切削加工基础知识、车削加工、铣削加工、钳工操作、刨削加工、磨削加工、特种加工、数控加工等基本章节。

为了突出和强化现代制造方法的实习操作内容，本书特种加工和数控加工的篇幅约占基本章节总篇幅的四分之一，所占比重较大。本书各基本章节之后均配有"实习安全技术"和"复习思考题"，便于规范学生的现场操作，帮助学生消化、巩固理论教学内容。

根据金工实习成绩考核的需要，本书设计编写了"综合作业"与"金工实习报告"两部分，采用活页形式装印，可以裁剪下来使用，使本书的内容更加合理和更加便于教学使用。

本书可作为普通高等工科院校本科、专科机械类、近机类、非机类专业的金工实习教材，也可供有关工程技术人员、自学考试学员、技术工人参考。

图书在版编目（CIP）数据

金工实习/魏斯亮，邱小林主编. —2 版 . —北京：北京理工大学出版社，2016.1

ISBN 978-7-5682-1820-7

Ⅰ. ①金… Ⅱ. ①魏…②邱… Ⅲ. 金属加工-实习-高等学校-教材 Ⅳ. TG-45

中国版本图书馆 CIP 数据核字（2016）第 010975 号

出版发行 / 北京理工大学出版社

社　　址 / 北京市海淀区中关村南大街 5 号

邮　　编 / 100081

电　　话 /（010）68914775（办公室）　68944990（批销中心）　68911084（读者服务部）

网　　址 / http://www.bitpress.com.cn

经　　销 / 全国各地新华书店

印　　刷 / 三河市天利华印刷装订有限公司

开　　本 / 787 毫米×1092 毫米　1/16

印　　张 / 16.5　　　　　　　　　　　　责任编辑 / 陆世立

字　　数 / 410 千字　　　　　　　　　　　文案编辑 / 赵　轩

版　　次 / 2016 年 1 月第 2 版　　2016 年 1 月第 1 次印刷　　责任校对 / 孟祥敬

定　　价 / 49.00 元　　　　　　　　　　　责任印制 / 马振武

图书出现印装质量问题，本社负责调换

前言（第2版）

　　《金工实习》第1版教材出版至今，已经使用多年，为了适应新的教育改革形势和适应高校人才培养新的需求，特对第一版教材进行修订。

　　"金工实习"的目的，在于使工科院校学生了解机械制造的一般过程，熟悉零件的常用加工方法与工艺装备，了解现代制造技术的推广应用，为学生后续专业课程的学习提供工程背景知识素材，为培养应用型、复合型高级工程技术人才打下必要的实践基础。所以"金工实习"是工科院校学生必修的一门技术基础课，是十分重要的实践性教学环节。

　　制造业是一个国家国民经济的主体，拥有强大的制造业，才有国家和民族的强盛。为了打造具有国际竞争力的制造业，全国工科高等院校越来越注重学生的金工实习教学，都把加强金工实习作为培养学生实际动手能力和提升学生综合素质的重要措施之一。

　　《金工实习（第2版）》修订主要有两个方面：一是根据近年来国家颁布的有关新标准对本教材的相关内容进行了更新，二是为了强化教学效果精心编制增补了大量配套的复习思考题，所有习题均严格按"基本教材"中讲述的金工实习工种顺序进行配套编排，使本教材的可操作性、先进性和实用性进一步增强，使本教材的内容更加合理和更加便于各院校的现场教学使用。

　　《金工实习（第2版）》由魏斯亮、邱小林担任主编；李兵、黎旭初担任副主编；由南昌大学教授、博士生导师卢险峰担任主审。南昌理工学院教授邱小林执笔编写第1、2、4、11章，华东交通大学理工学院教授魏斯亮执笔编写第8、13、14章，李兵执笔编写第3、5、6、9章，黎旭初执笔编写第7、10、12章，由魏斯亮负责全书统稿。

　　本书编写过程中，参考并引用了若干同类教材的文字和图片，谨向这些教材的编者致以衷心的感谢。

　　由于编者水平所限，书中的疏漏和不妥之处在所难免，敬请读者批评指正。

编　者

前言（第1版）

"金工实习"是工科院校学生必修的一门技术基础课，也是十分重要的一个实践性教学环节。"金工实习"的目的，在于使学生了解机械制造的一般过程，熟悉零件加工的常用方法与工艺装备，了解现代制造技术的推广应用，为学生后续专业课程的学习提供工程背景知识素材，为培养应用型、复合型高级工程技术人员打下必要的实践基础。

当今人才市场正在发生重大变化，社会需要大批既有扎实理论基础又有熟练动手能力的实用技能型人才。人才竞争的实例表明，经过较全面、较完善实习训练的毕业生往往更受企业欢迎，往往有着更大的择业优势。为此，全国各高等院校越来越注重学生的金工实习教学，都把加强金工实习作为培养学生实际动手能力和提升学生综合素质的重要措施之一。

金工实习的基本内容包括传统的机械制造，如：毛坯制取手段和材料改性途径、常用加工设备和工具的操作方法、安全操作规范和初步的工艺知识等，还包括数控车、数控铣、数控加工中心、数控线切割和电火花成型、激光加工、超声波加工等新技术、新工艺、新设备的操作，以适应我国大力推进新型工业化道路、抓紧技能型人才培养的实际需求。为了满足上述教学工作的需要，我们编写了这本金工实习教材。

本书内容包括金属材料与热处理、铸造成型、锻造与钣料冲压成型、焊接成型、切削加工基础知识、车削加工、铣削加工、钳工操作、刨削加工、磨削加工、特种加工、数控加工等基本章节。为了突出强化现代制造方法的实习操作，书中特种加工和数控加工的篇幅约占基本章节总篇幅的四分之一，比重较大。本书各基本章节后面均配有"实习安全技术"和"复习思考题"，便于指导和规范学生的现场操作，以帮助学生消化、巩固与深化理论教学内容。根据金工实习教学的考核需要，本书还设计编写了"综合作业"与"金工实习报告"两部分内容，采用活页形式装印，可以裁剪下来单独使用，使本书的内容更加合理和更加便于教学使用。

本书为工科院校金工实习教学用书，也可供有关工程技术人员参考。

本书由魏斯亮、李兵、艾勇担任主编；杨国军、朱江峰、高黛华担任副主编；由南昌大学郭纪林担任主审。华东交通大学理工学院李兵编写第3、5、6章，华东交通大学理工学院黎旭初编写第7章，华东交通大学魏斯亮执笔编写其余章节。魏斯亮负责全书统稿。南昌理工学院朱峰、郭庆祝参加了本书部分章节的编写工作。

本书编写过程中，参考并引用了若干同类教材的文字和图片，谨向这些教材的编者致以衷心的感谢。

由于编者水平所限，书中难免存在疏漏和不妥之处，恳请读者批评指正。

编　者

目　　录

第一篇　金属材料及毛坯成型方法

第二篇　金属切削加工方法

第三篇 现代制造方法

第四篇 附　录

第一篇 金属材料及毛坯成型方法

第①章

金属材料与热处理

学习完本章，应该掌握如下内容：
- ◆ 了解金属材料的力学性能、试验原理和选用原则。
- ◆ 了解常用钢铁材料的种类和现场鉴别方法。
- ◆ 了解金属材料性能的改善途径和热处理工艺。

1.1 金属材料的性能

1.1.1 金属材料概述

材料是人类生产和生活所必需的物质基础。人们将工程上广泛使用的材料称为工程材料。按材料的化学成分，可将工程材料分为金属材料、非金属材料和复合材料三大类。

金属材料是目前应用最广泛的工程材料，它包括纯金属及其合金。

金属材料分为黑色金属与有色金属两大类：黑色金属主要指铁、锰、铬及其合金，其中以铁碳合金（钢、铸铁）的应用最广；有色金属是指除黑色金属以外的所有金属及其合金。

1.1.2 金属材料的力学性能

金属材料的力学性能是指材料克服外加载荷作用，抵抗变形和断裂的能力。金属材料的力学性能是设计零件及选择材料的重要依据。金属材料常用的力学性能指标有：强度、硬度、塑性、冲击韧度、疲劳强度等。

1. 强度

强度是指材料在静载荷作用下，抵抗塑性变形和断裂的能力。强度的主要指标是屈服强度（σ_s）和抗拉强度（σ_b），单位为 MPa。

屈服强度是指拉伸试样产生屈服现象时所对应的应力值，以符号σ_s表示。屈服强度是绝大多数零件设计时的选材依据，对于工作中不允许发生塑性变形的机械零件和金属结构，均应按屈服强度进行设计计算。

抗拉强度是指材料在被拉断破裂前所能承受的最大应力值，以符号σ_b表示，它也是工程设计和选材时的主要依据之一。

2. 塑性

塑性是指材料在静载荷作用下产生永久变形而不发生断裂破坏的能力。常用的塑性指标有伸长率（δ）和断面收缩率（ψ），它们均以百分数表示。

良好的塑性是材料进行成形加工的必要条件，也是零件工作时保证安全、不发生突然脆断的必要条件。伸长率和断面收缩率越大，材料的塑性越好，所制作的零件也就越不容易发生突然脆断。

3. 硬度

硬度是指材料抵抗其他硬物压入其表面的能力，硬度也是衡量材料耐磨性能的重要指标。在生产中硬度通常采用压入法进行测量。根据测试方法的不同，对应有许多种不同的硬度指标，常用的硬度指标有布氏硬度和洛氏硬度两种。

1）布氏硬度（HB）　布氏硬度测定原理如图 1-1 所示：用一直径为 D 的淬硬钢球（或硬质合金球）作为压头，在一定的载荷 F 的作用下压入被测材料表面，停留一段时间后卸载，用读数显微镜测量试件表面残留凹坑的压痕直径 d 并进行计算，以压痕的单位面积所承受的平均压力作为被测材料的布氏硬度值。布氏硬度试验法测量准确、稳定，常用于测定退火钢、正火钢、调质钢、铸铁、有色金属等毛坯件的硬度；但因压痕较大，不宜测试成品零件或薄片金属的硬度。由于布氏硬度值需要进行计算，布氏硬度实验法的操作稍显复杂。

图 1-1　布氏硬度测定原理

2）洛氏硬度（HR）　洛氏硬度测定原理如图 1-2 所示：用锥顶角为 120° 的金刚石圆锥体（或直径为 1/16 英寸的淬硬钢球）作为压头，在规定载荷（初载荷 F_0 与总载荷 F_0+F_1）的分别作用下压入被测工件表面，保压稳定后卸除主载荷 F_1 保留初载荷 F_0，根据压痕深度的残余增量 e 在洛氏硬度计的刻度盘上直接读出硬度值。根据试验时所用的压头和载荷不同，洛氏硬度指标有 HRA、HRB、HRC 三种。

图 1-2　洛氏硬度测定原理

洛氏硬度试验法的操作迅速简便，测试范围较大，压痕较小，可以直接测定成品零件的硬度。但压痕较小容易受到工件材质不均匀的影响，单次测量的准确度较差，故须在不同部位重复测量三点以上，取多次测量的平均值作为被测工件的洛氏硬度值，且允许该硬度值有一定的波动范围，如 40~45 HRC 等。

4. 冲击韧度

金属材料受冲击载荷作用，在断裂前吸收变形能量抵抗破坏的能力，称作冲击韧性。冲击韧性的常用指标为冲击韧度。

冲击韧度（α_k）是指材料在冲击载荷作用下抵抗断裂破坏的能力，α_k 的数值常用摆锤式冲击试验机测定，单位为 J/cm^2。一般将 α_k 值低的材料称为脆性材料，α_k 值高的材料称为韧性材料。

韧性材料在断裂前有明显的塑性变形，断口呈纤维状，无光泽；脆性材料在断裂前无明显的塑性变形，断口较平整，呈晶状或瓷状，有金属光泽。工作中受冲击载荷作用的零件，如锻锤的锻杆、锻模，内燃机的连杆等，应按冲击韧度值 α_k 进行设计计算。

5. 疲劳强度

曲轴、连杆、齿轮、弹簧等交变载荷作用下工作的机械零件，即使所受应力大大低于材料的强度极限，经较长时间工作后也容易发生断裂，这种断裂现象称为疲劳破坏。材料承受无数次循环交变载荷作用而不致引起断裂的最大应力，称为疲劳强度。疲劳强度以 σ_{-1} 来表示，疲劳强度也是材料重要的强度指标之一。

1.1.3 金属材料的其他性能

在机械设计与制造中，金属材料的物理性能、化学性能和工艺性能也都具有重要的意义，同样需要高度重视。

1. 物理性能

金属材料的物理性能包括密度、熔点、热膨胀性、导热性、导电性和磁性等。在制造航空航天机械零件时，主要采用密度较小的轻金属；在制造锅炉管道或加热炉底板等零件时，需要选用熔点较高的金属；用于制造变阻器电阻丝的材料要求其电阻率较大，制造导线和电缆则要求材料的导电性能优良，等等。

2. 化学性能

金属材料的化学性能，主要是指其抵抗活泼介质化学侵蚀的能力，包括耐蚀性、耐酸碱性和抗高温腐蚀性等。

耐蚀性是指金属材料在常温下抵抗大气、水、水蒸气等介质侵蚀的能力。为了提高零件表面的耐蚀性，工程上常常采用表面镀层、涂刷油漆、发蓝处理等方法，对零件和金属制品的表面进行保护。有些零件，甚至采用不锈钢制造，以抵抗腐蚀性环境的侵蚀。

耐酸碱性指的是金属抵抗酸碱侵蚀的能力。设计制造化工、石油等工程机械设备时，需要选用耐酸钢，以抵抗酸、碱、盐等化学介质的侵蚀。

耐热性是指金属材料在高温下能保持足够强度并能抵抗氧或其他介质侵蚀的能力。锅炉、汽轮机等在高温条件下工作的机械设备，其受热结构及受热零件必须采用耐热钢制造，以适应高温工作环境的需要。

3. 工艺性能

金属材料的工艺性能是指材料在加工过程中是否易于被加工成零件的性质。工艺性能主要有铸造性能、锻造性能、焊接性能、切削加工性能与热处理性能等。材料的工艺性能与材料的化学成分、内部组织及加工条件有关，它们是材料的力学性能、物理性能和化学性能在加工过程中的综合表现。金属材料工艺性能的优劣不仅影响产品的生产效率和成本，而且影响产品的质量和使用。

铸造成形的零件，要求所选用金属材料的铸造性能良好，能够使液态金属顺利地充满铸型、得到尺寸准确、轮廓清晰、力学性能合格的铸件，并且能够减少和避免产生应力、变形、裂纹、缩孔、气孔、化学成分偏析、内部组织不均匀等缺陷，以提高铸件的使用可靠性。

锻压成形的零件应该选用锻造性能良好的金属材料，即要求材料的塑性好、变形抗力小，可锻温度范围较宽，锻压成形时不易产生裂纹，易于获得高质量的锻件。

焊接件主要是应该获得优质的焊接接头。焊接性能良好的金属，其焊接接头强度高，焊缝及焊缝邻近部位不易产生过大的焊接应力而引起变形与裂纹，焊缝中也不易出现气孔、夹渣与其他焊接缺陷。

需要进行表面切削加工的零件，要求材料的切削加工性能良好，即切削时的能耗低、对刀具的磨损小，加工表面光洁，切屑排除容易、加工面的表面质量高，并且刀具寿命长，切削工效高。

需要进行热处理的零件，要求材料具有良好的热处理性能，即经过热处理之后金属零件必须是内部晶粒细小、组织均匀、性能合格，尽量避免出现过大的热处理应力，防止产生变形与开裂等缺陷。

1.2　金属材料的现场鉴别

金属材料的来源丰富，并具有优良的使用性能和加工性能，是机械工程中普遍应用的材料。在金属材料中，应用最为广泛的是铸铁和钢，它们都是以铁和碳为基本组成元素的铁碳合金，其中：含碳量为 0.021 8%～2.11% 的称为钢，含碳量大于 2.11% 的称为铸铁。

金属材料的现场鉴别方法有多种，可根据金属材料的颜色、光泽、硬度、比重等特性来进行判断。例如在有色金属中，纯铜为紫红色，铜合金为黄青色，铝及铝合金为银白色；铅锡合金的比重较大，铝合金的比重较小，等等。在黑色金属中，现场鉴别钢铁材料的方法更有很多种，其中最简易的方法是火花鉴别法和色标鉴别法等。

1.2.1　火花鉴别法

火花鉴别法是将钢铁材料轻轻压在高速旋转的砂轮机上进行打磨，观察迸射出的火花形态与颜色，通过目测判断钢铁成分大致范围的一种简易方法。

图 1-3　火花的形成

1. 火花的形成

火花的形成如图 1-3 所示：钢材在砂轮机上打磨时，摩擦产生的高热使磨削部位迅速发红变亮，灼热的磨屑沿切线方向迸射飞出形成火花；无数火花构成火花束；仔细观察，火花束可分为根部花、中部花、尾部花三部分。

2. 火花束的组成要素

火花束的组成要素如图 1-4 所示：由灼

热磨屑形成的线条状火花称为流线；流线在飞行途中爆炸生成稍粗的亮点称为节点；节点爆裂时所迸射出的细线条称为芒线；芒线附近的许多呈现明亮的小点称为花粉。若干条芒线组成的放射状火花称为节花，节花可分为一次花、二次花、三次花等。流线尾部出现的火花称为尾花，由于钢材的化学成分不同，尾花的形态也各不相同，主要有苞状尾花、狐尾状尾花、菊状尾花、羽状尾花等多种，如图1-5所示。

图1-4　火花束的组成要素

图1-5　各种尾花的形态
（a）苞状尾花；（b）狐尾状尾花；（c）菊状尾花；（d）羽状尾花

3. 常用钢铁材料的火花特征

通常情况下，碳素钢的含碳量增高，则流线加多，火花束变短，爆花与花粉增多，火花亮度增强，手感变硬。例如：20钢磨削时手感较软火花束较长，颜色草黄带红，流线略呈弧形，芒线稍粗形成一次爆花，其火花如图1-6（a）所示；45钢的火花束稍短，颜色橙黄略显明亮，流线较细较长且多在流线尾端附近爆裂分叉，呈多叉状二次花爆裂，花粉较多，磨削时手感反抗力稍硬，其火花如图1-6（b）所示；T10钢的火花束粗短，颜色暗红，流线细密量多，爆花为多次爆裂，爆花量多并重叠，有碎花和大量花粉，磨削时手感较硬，其火花如图1-6（c）所示；灰口铸铁的火花束短而细，流线呈暗橙红色，尾部渐粗，下垂成弧形，呈羽毛状尾花，有少量二次爆花，磨削时手感较软，其火花如图1-6（d）所示；高速钢W18Cr4V的火花束细长，流线数量少，无火花爆裂，色泽暗红，根部和中部为断续流线，呈狐尾状尾花，磨削时手感较硬，其火花如图1-6（e）所示。

1.2.2　色标鉴别法

生产现场为了避免差错，在管理钢材和使用钢材时可以在材料上做一定的识别标记。常用的标记方法有：涂色法、打印法、挂牌法等。金属材料的涂色标记法，是在成捆交货状态的钢材同一端的端面上，或在小直径圆钢盘卷外侧的某一部位上，按标准规定涂刷某种颜色的油漆作为标记，以便于钢材的分类标识。表1-1为部分钢号的涂色标记规定，在生产中，

图 1-6　五种钢铁材料的火花特征

(a) 20 钢；(b) 45 钢；(c) T10 钢；(d) 灰铸铁；(e) W18Cr4V

可以根据材料的色标对钢铁材料进行鉴别。

表 1-1　部分钢号的涂色标记

材料种类	牌号	标　记	材料种类	牌号	标　记
碳素结构钢	Q235	红色	合金结构钢	20CrMnTi	黄色+黑色
优质碳素结构钢	45	白色+棕色		42CrMo	绿色+紫色
	60Mn	绿色三条	铬轴承钢	GCr15	蓝色一条
高速钢	W18Cr4V	棕色一条+蓝色一条	不锈钢	0Cr19Ni9	铝色+绿色

1.2.3　断口鉴别法

　　因受物理、化学、机械因素的影响导致材料或零部件破断所形成的断裂面称为断口。生产现场可根据断口的自然形态来判定材料的韧脆性，也可以据此推测判定相同热处理状态的材料含碳量的高低。例如：若断口呈纤维状，颜色发暗，无金属光泽，无结晶颗粒，且断口边缘有明显的塑性变形特征，则表明钢材具有良好的塑性和韧性，其含碳量较低；若材料断口齐平，呈银灰色，且具有明显的金属光泽和结晶颗粒，则表明材料属脆性断裂；而过共析钢或合金钢经淬火及低温回火后，断口呈亮灰色，具有绸缎光泽，类似于细瓷器的断口特征。

1.2.4　音响鉴别法

　　在生产现场，有时也可采用敲击辨音的方法来区分材料。例如，当原材料钢中混入铸铁材料时，由于铸铁的减振性较好，敲击时发出的声音较沉闷，而钢材敲击时发出的声音较清脆，我们可根据敲击钢铁时听到的声音不同，对其进行初步鉴别，但这种方法有时准确性不高。因此，当多种钢材发生混淆时，敲击声音初步鉴别之后，常需采用其他方法进行最终判别。

1.2.5 其他鉴别方法

若要准确地鉴别材料的种类与牌号，在上述现场鉴别方法的基础上，还可采用化学分析、金相检验、硬度试验等实验室分析手段，对金属材料进行进一步的准确鉴别。

1.3 金属热处理方法

金属热处理是将金属材料在固态下进行加热、保温和快速冷却，通过改变金属的内部组织，从而获得金属所需性能的一种工艺方法。最常用的热处理方法有退火、正火、淬火、回火等，还有表面淬火、化学热处理（渗碳、渗氮、碳氮共渗）等。

在机械制造中，热处理是一种非常重要的工艺手段：切削加工之前对毛坯材料进行预备热处理，可以改善工件的切削加工性能，提高切削效率，明显改善加工质量；切削加工之后根据图纸对工件进行最终热处理，可以提高零件的硬度，改善零件的耐磨性，消除内应力稳定零件的形状和尺寸，使零件达到图纸规定的使用性能指标。所以，热处理是现代机械制造中改善加工条件、保证产品质量、节约能源、节省材料的一项极为重要的工艺措施。

常用热处理方法的工艺过程如图 1-7 所示，图中显示可以通过控制加热温度、保温时间、冷却速度等工艺参数，来调整热处理

图 1-7　常用热处理方法的工艺过程

后的金属材料内部组织的结构与力学性能，改善材料的切削加工工艺性能。

1.3.1 退火与正火

1. 退火

将钢材加热到 800 ℃~900 ℃ 范围并保温一段时间，然后随炉缓慢冷却的热处理工艺称为退火。退火后的钢件内部晶粒细小，组织均匀，降低了硬度和消除了应力，切削加工性能得到改善，主要适用于含碳量较高的碳钢和各类合金钢。

有时为了消除内应力，防止材料变形和开裂，可将工件加热到 600 ℃~650 ℃，保温一段时间后缓慢冷却，这称为去应力退火（低温退火）。

通常情况下，退火时的冷却速度十分缓慢，所需时间很长，故生产效率很低。

2. 正火

正火是将工件加热到 800 ℃~900 ℃ 范围并保温一段时间，然后从炉中取出置于干燥空气中冷却的热处理工艺。在实际生产中，材料正火的目的与退火相似，但正火时的冷却速度较快，不仅生产效率较高，而且正火后钢材的组织更为细小致密，硬度更适合于切削加工。所以，正火广泛用作改善切削加工性能的钢材预备热处理。对于普通要求的机械零件，有时也可以将正火作为达到最终使用性能的热处理工艺。

1.3.2　淬火与回火

1. 淬火

淬火是将工件加热到 780 ℃~880 ℃并保温一段时间，然后投入水中或油中急速冷却的热处理工艺。淬火之后，材料的内部组织发生了变化，工件的硬度和耐磨性提高，但塑性和韧性下降，脆性加大，并产生了较大的内应力，因此必须及时进行回火处理，以消除内应力，防止工件变形开裂。

淬火时常用的冷却介质为水和矿物油。水是最便宜而且冷却能力很强的一种冷却介质，主要用于一般碳钢零件的淬火。如果在水中加盐，则其冷却能力可以进一步提高，这对于一些大尺寸碳钢件的淬火冷却有益。油的冷却能力比水低，工件在油中淬火时的冷却速度较慢，因此可避免出现淬火开裂缺陷，适宜于合金钢零件淬火使用。

2. 回火

将淬火后的工件再次加热，在一定温度下保温一段时间（2~4 h），然后缓慢冷却到室温，称为回火。钢材淬火后必须尽快回火，回火的目的，在于减小和消除淬火工件的残余应力，防止工件开裂和变形，调整工件的力学性能，使零件达到图纸规定的技术要求。

根据回火时的加热温度不同，回火可分为低温回火、中温回火和高温回火三种。

1）低温回火　淬火后的工件在 150 ℃~250 ℃温度条件下回火，称为低温回火。低温回火可以部分消除淬火应力与脆性，使工件保持淬火后的高硬度与高耐磨性，适用于硬度要求较高、耐磨性较好的刀具、量具、模具等零件。淬火钢低温回火后的硬度可达58~62 HRC。

2）中温回火　淬火后的工件在 350 ℃~500 ℃温度条件下回火，称为中温回火。中温回火可以基本上消除淬火之后的残余应力与脆性，使零件获得较高的强度与较好的韧性，而且弹性良好，主要用于弹簧和各种弹性零件的热处理。淬火钢中温回火后的硬度一般为35~45 HRC。

3）高温回火　淬火后的工件在 500 ℃~650 ℃温度条件下回火，称为高温回火。高温回火可以完全消除淬火应力与脆性，使零件获得良好的综合力学性能。在生产中，习惯把"淬火+高温回火"的热处理工艺称为"调质"，调质广泛应用于齿轮、主轴、连杆等重要机械零件切削加工之前的预备热处理。中碳钢调质后的硬度约为25~35 HRC。

3. 回火脆性

淬火钢回火时，随着回火温度的提高，通常其强度、硬度降低，塑性、韧性提高。但淬火钢在 250 ℃~350 ℃范围内回火时，钢的冲击韧度反而显著降低，这种现象称为第一类回火脆性，它是不可逆的，故钢件应尽量避免在 250 ℃~350 ℃温度范围内回火。

1.3.3　表面热处理

有些机器零件（如齿轮、链轮、主轴等）要求整体强度和韧性较好、表面硬度与耐磨性较高，这时可采用表面热处理的方法来达到。机械制造中广泛应用的表面热处理方法有表面淬火和化学热处理两种。

1. 表面淬火

表面淬火是采用氧气—乙炔高温火焰加热，或采用感应加热的方法，将工件表面迅速加热到淬火温度，然后快速冷却的热处理工艺方法。由于只对工件表面进行快速加热和快速冷却，故工件的心部组织和性能并不发生变化。中碳钢和合金调质钢的零件，常采用表面淬火方法获取所需的表面高硬度与高耐磨性，其中，火焰加热表面淬火用于单件小批生产，感应加热表面淬火用于批量生产。

2. 化学热处理

化学热处理是将工件置于高温活性介质中保温，使一种或几种元素渗入工件表层，以改变表层的化学成分，从而改变表层的组织和性能的热处理工艺。常用的化学热处理方法有渗碳、渗氮、氰化（碳—氮共渗）、渗硼、渗钒等。

1.4　热处理实习安全技术

（1）实习操作前应了解热处理设备的名称、作用、结构、特点和使用方法，并在实习老师的指导下正确使用热处理设备。不得随意开启炉门和触摸电气设备。

（2）热处理实习操作时，工件进炉、出炉应先切断电源，然后送取工件，以防触电。

（3）工件进入油槽要迅速。淬火油槽周围禁止堆放易燃易爆物品。

（4）经热处理出炉的工件，应尽快放入介质中，或置于远离易燃物的空地上。严禁手摸或随意乱扔。

（5）车间内的化学药品、熔盐、油等，未经许可，不得随意触摸和品尝。

（6）各种废液、废料应分类存放统一回收和处理，禁止随意倾入下水道或垃圾箱，防止污染环境。

复习思考题

一、填空题

（1）金属材料的现场鉴别方法有多种，通常可根据金属材料的_____、_____、硬度、_____等特性来进行判断。

（2）现场鉴别钢铁材料的方法也有很多种，其中最简单易行的方法是_____鉴别法和_____鉴别法等。

（3）常用钢铁材料的火花特征与含碳量有关，通常情况下，碳素钢的含碳量增高，则流线_____，火花束_____，爆花与花粉_____，火花亮度_____，手感_____。此外，钢铁材料的火花特征还与材料中合金元素的含量有关。

（4）金属材料的力学性能是指材料克服_____作用，抵抗_____和_____的能力。材料的力学性能是设计零件及选择材料的重要依据。

（5）材料常用的力学性能指标有：_____、_____、_____、冲击韧度、疲劳强度等。

（6）硬度是指材料抵抗其它硬物压入其表面的能力，常用的硬度指标有_____硬度和_____硬度两种。

（7）金属材料的工艺性能主要有_____性能、_____性能、_____性能、_____性能与_____性能，它们与材料的化学成分、内部组织及加工条件有关。

（8）生产中最常用的热处理方法有＿＿＿＿、＿＿＿＿、＿＿＿＿、＿＿＿＿，还有表面淬火、化学热处理（渗碳、渗氮、碳氮共渗）等。

（9）表面热处理方法有：＿＿＿＿淬火和＿＿＿＿热处理两种。

（10）淬火钢在＿＿＿＿℃范围内回火时，将产生第一类回火脆性，它是不可逆的。

二、讨论题（可采用口试方式进行考核）

（1）材料常用的力学性能指标有哪些？分别用什么符号表示？

（2）零件在使用过程中发生下列现象，试分析是哪几种性能指标不符合要求？

① 零件使用中发生过量塑性变形而不能正常运行；

② 某种轴的轴颈磨损速率极快；

③ 某种杆状零件使用时发生突然断裂的现象；

④ 一种弹簧在使用短时间之后即失去弹性。

（3）某生产车间有一批20#钢料，其中混入了少量T10钢料，它们的形状与尺寸相同，请问可采用哪几种简便方法将它们区分开来？

（4）试比较退火与正火这两种热处理工艺方法的主要异同之处。

（5）淬火之后为什么一定要进行回火处理？回火温度与最终力学性能有什么关系？

（6）什么叫调质？钢件调质处理之后，其力学性能有什么特点？

（7）表面热处理方法有哪几种？表面热处理能否改变工件的心部材料性能？

（8）下列工件需要进行何种热处理？

① 中碳钢零件在粗车之前，为了改善工件的切削性能；

② 为了使锉刀达到最终使用性能的高硬度和高耐磨性；

③ 为了达到机车连杆使用过程中所需的良好综合力学性能；

④ 为了达到螺旋弹簧使用过程中所需的良好弹性；

⑤ 汽车变速箱的齿轮，表面需要具有高硬度高耐磨性，心部需要具有良好的韧性。

（9）下列零件应具有哪些主要力学性能？

锉刀，弹簧，锯条，起重机吊钩。

（10）下列零件需要选用什么材料制造？

车刀刀杆、立铣刀、铁钉、弹簧、手锤、丝杠、液化气瓶、缝纫机架、锯条。

第 ② 章

铸造成型

学习完本章，应该掌握如下内容：

◆ 了解铸造成型的生产过程、工艺特点和应用场合，了解型砂、芯砂应具备的主要性能。

◆ 熟悉分型面的选择，掌握手工两箱造型（造型、造芯）的操作技能，识别常见铸造缺陷并分析其产生的原因。

◆ 了解压力铸造、离心铸造、熔模铸造、金属型铸造的特点和应用范围。

2.1 概 述

铸造是指熔炼金属、制造铸型、将熔融金属浇入铸型、冷却凝固后获得一定形状和性能铸件的毛坯成型方法。铸造的优点是可以铸出各种规格及复杂形状的铸件，特别是可以铸出内部形状复杂的铸件，且生产成本低，材料来源广，所以铸造是机械制造中获取零件毛坯的主要方法之一。

铸造的种类很多，主要有砂型铸造、金属型铸造、压力铸造、离心铸造以及熔模铸造等，其中以砂型铸造应用最广泛。

砂型铸造的典型工艺过程包括：制造模样和芯盒、制备型砂和芯砂、造型制芯、合箱、浇注、落砂清理及检验。图 2-1 是套筒类零件的砂型铸造工艺过程。

图 2-1 套筒类零件的砂型铸造工艺过程

用铸造方法所得到的金属毛坯件称为铸件。在机器设备中，铸件所占的比重较大，如机床、内燃机等机械中，铸件的重量约占机器总重量的 75% 以上。

2.2 砂型铸造工艺

2.2.1 型砂的制备

砂型铸造的主要造型材料有型砂和芯砂两种，型砂用于造型，芯砂用于制芯，都是由原砂（山砂或河砂）、黏土、水按一定比例混合而成。型砂中的黏土约为9%，水约为6%，其余为原砂。有时还可加入少量煤粉、植物油、木屑等附加物，以提高型砂和芯砂的性能。

型砂的质量直接影响铸件的质量，通常型砂应具备良好的透气性、足够的强度、较高的耐火性、必要的退让性和可塑性。如果型砂的质量差，将会使铸件产生气孔、砂眼、粘砂、夹砂等缺陷。例如，透气性不好的型砂会使铸件产生气孔、浇不足等缺陷；强度不足的型砂易在造型、搬运、合箱、浇注过程中因垮塌破坏铸型表面，造成夹砂缺陷；耐火性不好的型砂在高温高热作用下易产生熔化导致粘砂；退让性不好的型砂，铸件易产生内应力导致工件变形或开裂，等等。

2.2.2 制造模样和芯盒

制造模样和芯盒的常用材料有木材、金属和塑料，单件、小批生产时采用木模，大批量生产时采用金属模或塑料模。金属模的使用寿命长达10~30万次，塑料模的使用寿命可达几万次，而木模的使用寿命仅1 000次左右。

为了保证铸件的质量，在制造模样和芯盒时，必须先设计出铸造工艺图，然后根据铸造工艺图上工件的形状和大小，制造模样和芯盒。在设计铸造工艺图时，要充分考虑分型面的选择、拔模斜度、加工余量、收缩量、铸造圆角等问题，采用砂芯时还必须在模样上制出相应的芯头。图2-2是压盖零件的铸造工艺图及相应的模样图，从图2-2中可以看出，模样的形状与零件图样往往是不完全相同的。

图2-2　压盖零件的铸造工艺图及模样图
(a) 零件图；(b) 铸造工艺图；(c) 模样图；(d) 芯盒

2.2.3 手工造型

手工造型的操作比较灵活，使用图2-3所示的手工造型常用工具，即可进行整模两箱造型、分模两箱造型、挖砂造型、活块造型、刮板造型、三箱造型等多种操作。

当铸件的最大截面在零件端部时，可选用最大截面作为分型面，将模样做成整体，采用整模两箱造型。整模两箱造型的操作过程如图 2-4 所示。

图 2-3　手工造型常用工具

（a）浇口棒；（b）砂冲子；（c）通气针；（d）起模针；（e）墁刀：修平面和挖沟槽用；

（f）秋叶：修凹曲面用；（g）砂勾：修深的底部或侧面和勾出砂型中散砂用；（h）皮老虎

图 2-4　齿轮坯零件的整模两箱造型过程

（a）造下砂型；（b）造上砂型；（c）开外浇口、扎通气孔；（d）起出模样；

（e）合型；（f）落砂后带浇口的铸件

整模两箱造型时，型腔位于同一个砂箱内，可以有效避免错箱等缺陷，所得铸件的形状精度和尺寸精度较高，模样制备和造型过程都比较简单，常用于最大截面位于端部、形状比较简单的铸件生产。

当铸件不适宜采用整模两箱造型时，通常可以选取工件的最大截面为分型面，把模样分成两半，采用分模两箱造型；也可以将模样分成几部分，采用分模多箱造型。分模两箱造型的操作过程如图 2-5 所示。

分模造型的方法比较简单，应用较广。但分模造型时，若砂箱定位不准或夹持不牢，很容易产生错箱，影响铸件的形状精度；铸件沿分型面可能产生披缝，影响铸件的表面质量；此外，分模造型的铸件清理也比较费时。

当铸件的最大截面不在端部，且模样又不便分成两半时，可采用挖砂造型。如图 2-6 所示，即为手轮零件的挖砂造型过程。挖砂造型时，要将下砂型中阻碍起模的型砂挖掉，以便起模。由于要准确挖出分型面，挖砂造型的操作比较麻烦，对工人的操作技术水平要求较

图 2-5　套筒类零件的分模两箱造型过程

（a）零件；（b）分模；（c）用下半模造下砂型；（d）用上半模造上砂型；

（e）起模、放砂芯、合型；（f）落砂后带浇口的铸件

高，故挖砂造型方法只适用于单件或小批量生产。

图 2-6　手轮零件的挖砂造型过程

（a）手轮零件；（b）放置模样，开始造下砂型；（c）反转，最大截面处挖出分型面；

（d）造上砂型；（e）起模样；（f）落砂后带浇口的铸件

　　当铸件的侧面有局部凸块阻碍起模时，可将此局部凸块做成与模样主体分离的活动模块，起模时先把模样主体起出，再设法取出活动模块，这种造型方法称为活块造型。活块造型主要用于侧面带有突出部位结构铸件的单件生产或小批量生产。图 2-7 所示为侧面带有局部凸块零件的活块造型操作过程。

　　当生产大型回转体铸件时，为了节约生产成本，有时可以采用刮板造型方法。刮板造型不必制作模样，而是采用与铸件轴截面形状相适应的刮板来替代模样进行造型，其操作方法如图 2-8 所示：造型时刮板绕固定轴回转，分别将上型与下型的型腔逐步刮出，然后合箱成型。刮板造型方法可以节省制作模样的大量工时及材料，但造型时的操作比较复杂，对工人的技术要求高，生产效率低，多用于回转直径较大的飞轮、圆环等铸件的单件小批量生产。

图 2-7　侧面有局部凸块零件的活块造型过程

（a）零件；（b）铸件；（c）模样；（d）造下砂型；（e）取出模样主体；（f）取出活块

图 2-8　带轮零件的刮板造型过程

（a）带轮铸件；（b）刮板（图中字母表示与铸件的对应部位）；（c）刮制下砂型；
（d）刮制上砂型；（e）合型

　　使用三个砂箱制造铸型的工艺过程，称为三箱造型。当铸件两端的截面尺寸大于中间的截面尺寸时，需要采用三个砂箱造型，由两个方向分别起模。图 2-9 所示为槽轮零件的三箱造型过程。三箱造型的特点是：模样必须是分开的，中型的上面、下面都是分型面，且中箱的高度应与中型的模样高度相近，以便由中型内起出模样。三箱造型的操作过程较复杂，生产效率较低，容易产生错箱缺陷，只适用于单件小批量生产。

2.2.4　制作型芯

　　型芯的作用是预埋于砂型内，以求获得所需的铸件内部空腔。因为浇注时型芯受高温液态金属的冲击和包围，所以除要求型芯具有铸件内腔相应的形状外，还必须具有较好的透气性、耐火性、退让性、强度等性能，故应当选用杂质极少的石英砂和采用植物油、水玻璃等黏结剂来配制芯砂，并应当在型芯内放入金属芯骨和扎出通气孔，以提高型芯的强度和透气性。型芯是用芯盒制造而成的，制芯的工艺过程如图 2-10 所示，与造型过程相似。需要特

图 2-9　槽轮零件的三箱造型过程

（a）铸件；（b）模样；（c）造下砂型；（d）造中砂型；（e）造上砂型；（f）起模、放砂芯、合型

别注意的是：制作好的型芯在使用前必须彻底烘干，以防止型芯内的残留水汽在浇注时产生猛烈蒸发，引起液态金属爆炸事故。

图 2-10　开式芯盒的造芯过程

（a）检查芯盒是否配对；（b）夹紧两半芯盒，分次加入芯砂，分层捣紧；
（c）插入刷有泥浆水的芯骨，其位置要适中；（d）继续填砂捣紧，刮平，用通气针扎出通气孔；
（e）松开夹子，轻敲芯盒，使砂芯从芯盒内壁松开；（f）取出砂芯，上涂料

2.2.5　浇注系统

造型时必须开出引导液态金属进入型腔的通道，这些通道称为浇注系统。典型的浇注系统如图 2-11 所示，由冒口、外浇口、直浇道、横浇道和内浇口组成。冒口的作用是排气、浮渣和补缩，它是为了保证铸件质量而增设的。对于厚薄相差较大的铸件，通常要在材料较

厚实部位的上方适当开设冒口，排渣补缩。外浇口的形状多为池形，它的作用是减轻金属液流对型腔的冲击，使液态金属平稳地注入直浇道。直浇道是一个倒圆锥形的垂直通道，其作用是使液态金属产生一定的静压力，并引导液态金属迅速充填型腔。横浇道是断面为梯形的水平通道，位于内浇口的上方与内浇口相连，其作用是挡渣及分配金属液进入内浇口，比较简单的小铸件有时可以省去横浇道。内浇口是与型腔相连接的金属液通道，其作用是控制金属液流入型腔时的方向和速度。内浇口开设的位置和方向对铸件的质量影响很大，它一般不应开在铸件的重要部位，以免造成内浇口附近的金属冷却变慢、组织粗大、力学性能变差。

图 2-11　浇注系统及冒口
1—冒口；2—外浇口；3—直浇道；
4—横浇道；5—内浇口

2.2.6　合型

将制作好的砂型和砂芯按图样的工艺要求装配成铸型的过程，称为合型。合型前要检查型腔内和砂芯表面的浮砂与脏物是否清除干净，检查各出气孔道、浇注系统各部分是否畅通，然后再合型。合型时先将上型垂直抬起，找正位置后垂直下落，按原有的定位方法和记号准确合型。合型之后必须紧固砂箱，紧固砂箱的方法如图 2-12 所示：小型铸件的抬型力不大，可使用压铁压牢砂箱；中、大型铸件的抬型力较大，可使用螺栓或卡子紧固砂箱。

压铁　　　　　　　　　　　螺栓　　　　　　　　　　卡子

（a）　　　　　　　　　　　（b）　　　　　　　　　　（c）

图 2-12　紧固砂箱的方法
（a）压铁紧固；（b）螺栓紧固；（c）卡子紧固

2.3　金属的熔炼、浇注与落砂清理

2.3.1　金属的熔炼

金属的熔炼是指通过加热使固态金属熔融转变为液态金属的过程。熔炼的目的是要获得预定成分和一定温度的液态金属，并尽量减少液态金属中的气体和夹杂物。

铸铁的熔炼设备主要有冲天炉、反射炉、电弧炉和工频炉等。由于冲天炉的结构简单、操作方便，熔炼效率较高且成本较低，故在生产中应用最广。但冲天炉熔炼的铸铁液成分不

易控制，质量不够稳定，工作环境较差。随着电力工业的发展，电弧炉熔炼已经得到越来越多的应用。

铸钢的熔炼设备主要有电弧炉、感应电炉、转炉等。在一般的铸钢车间里常用的是三相电弧炉和感应电炉。

铸造有色合金（如铸铝、铸铜）时，由于有色合金的熔点较低，容易吸气和氧化，因此常采用坩埚熔炼、金属型浇注。

2.3.2　浇注

借助于浇包将液态金属注入铸型的操作，称为浇注。浇注过程对铸件的质量影响很大，若浇注操作不当会引起浇不足、冷隔、气孔、缩孔、夹渣等铸造缺陷，所以浇注前应做好充分准备，浇注时应控制好浇注温度与浇注速度。

1. 浇注温度

浇注时的铁水温度要合适，如果浇注温度偏低，铁水的流动性较差，容易产生浇不足、冷隔、气孔等缺陷；如果浇注温度过高，铸件的收缩率加大，容易产生缩孔、裂纹、晶粒粗大、粘砂等缺陷。合适的浇注温度应根据铸造合金的种类、铸件的大小及形状等确定。铸铁件的浇注温度一般为 1 250 ℃ ~ 1 350 ℃，形状复杂的薄壁铸件浇注温度为 1 400 ℃ 左右。

2. 浇注速度

浇注时的速度也应适中，如果浇注速度太慢，会使液态金属降温过多，金属液的流动性变差，引起浇不足、冷隔等缺陷；如果浇注速度太快，金属液对铸型的冲刷力加大，容易冲垮铸型产生夹渣，还容易使型腔内的密闭气体来不及逸出而产生气孔，所以浇注速度应按铸件的形状与大小来确定。

3. 浇注时的注意事项

浇注时应注意如下事项：

（1）浇注前应清理生产现场，了解铸型情况，估计好铁水的重量，铁水不够时不应浇注；

（2）事先尽量除去浇包内浮在铁水表面的熔渣，以利浇注时扒渣或挡渣；

（3）开始操作时应细流浇铸，防止飞溅；操作结束时也应细流浇铸，防止铁水溢出，并可减少抬箱力；

（4）应及时引燃从铸型的冒口和出气孔中排出的气体，防止 CO 等有害气体污染空气；

（5）浇注过程中不能出现断流，应使外浇口始终保持充满液态金属，以利于熔渣上浮；

（6）铸件凝固后应及时卸去压铁和沙箱紧固装置，以防铸件受到过大的铸造应力产生裂纹。

2.3.3　铸件的落砂与清理

1. 铸件的落砂

将铸件与型砂、砂箱分开的操作，称为落砂。落砂的方法有手工落砂和机械落砂两种。浇注的铸件在砂型中应冷却到一定温度后才能落砂。落砂过早，铸件易产生硬皮，难以切削加工，还会产生铸造应力、变形或开裂等缺陷；落砂过晚，铸件固态收缩受阻，也会产生铸造应力，出现变形或开裂，还会使铸件晶粒粗大，而且占用生产场地及影响砂箱的回用。落砂之后，铸件上还有表面粘砂、型砂、多余金属等需要清除。

2. 铸件的清理

落砂后从铸件表面上清除粘砂、型砂、多余金属（包括浇冒口、飞边、氧化皮）等的过程，称为铸件的清理。铸件清理是检查和发现铸件缺陷的有效途径之一。除手工操作清理铸件外，还常用清砂滚筒、抛丸机等机械设备，以及水力清砂、化学清砂等方法来清理铸件。

2.4　铸件的检验及常见缺陷分析

铸件清理后，需要对其质量进行检验。参照铸件的精度等级要求和铸件技术条件，以铸件图为标准可将铸件精度等级分为三类：合格品（符合技术要求）；返修品（虽有缺陷，但经修补、矫正后可以达到技术要求）；废品（不符合技术要求，无法修补）。

在铸造生产中，影响铸件质量的因素很多，常常是一种缺陷由多种因素造成，或一种因素引起多种缺陷。进行铸件缺陷分析时，必须从生产实际出发，根据具体条件，找出产生铸件缺陷的主要原因，采取相应措施，才能有效地防止和消除缺陷。常见的铸造缺陷主要有：

（1）孔眼类缺陷：气孔、缩孔、缩松、渣眼、砂眼、铁豆等；

（2）裂纹类缺陷：热裂纹、冷裂纹等；

（3）表面缺陷：粘砂、结疤、夹砂、冷隔等；

（4）铸件形状、尺寸和重量不合格：错箱、偏心、浇不足等；

（5）铸件成分、组织及性能不合格：白口（过硬）等。

表 2-1 为几种常见铸造缺陷的特征及产生原因分析。

表 2-1　常见铸造缺陷的特征及产生原因

名称	特　征	图　例	主要原因分析
气孔	铸件内部和表面的孔洞。孔洞内壁光滑，多呈圆形或梨形		① 春砂太紧或型砂透气性太差 ② 型砂含水过多或起模时刷水过多，型芯未干 ③ 熔炼工艺不合理、金属液吸收了较多的气体 ④ 浇注系统不合理，使排气不畅通或产生涡流卷入气体
缩孔	铸件厚大部位出现的形状不规则的内壁粗糙的孔洞		① 铸件结构设计不合理，壁厚不均匀，局部过厚 ② 浇、冒口位置不对，冒口尺寸太小 ③ 浇注温度过高或合金成分不对，收缩过大
砂眼	铸件表面或内部出现的有型砂充填的形状不规则的凹坑		① 型（芯）砂强度不够，紧实较松，合箱时松落或被液态金属冲垮 ② 形腔或浇口内散砂未吹净 ③ 铸件结构不合理，无圆角或圆角过小

名称	特 征	图 例	主要原因分析
裂纹	在夹角处或厚薄交接处的表面或内层产生裂纹。热裂纹表面氧化，冷裂纹的表面不氧化或仅有轻微氧化	裂纹	① 铸件结构不合理，厚薄不均匀，冷缩不一 ② 浇口位置开设不当 ③ 铸件结构不合理，壁太薄 ④ 合金流动性差
冷隔	铸件表面有未完全熔合的缝隙，其交接边缘圆滑		① 浇注温度和速度低或浇注曾有中断 ② 内浇道位置不当或尺寸过小 ③ 铸件结构不合理，壁太薄 ④ 合金流动性差
粘砂	铸件表面粗糙，粘有烧结砂粒		① 浇注温度过高 ② 型（芯）砂耐火性差 ③ 砂型、型芯表面未刷涂料或涂料太薄
错箱	铸件在分型面处有错移		① 合箱时上、下砂箱未对准 ② 模样上、下半模有错移
偏芯	铸件上的孔偏斜或轴心线偏移		① 型芯放置偏斜或变形 ② 浇口位置不当，液态金属冲歪了型芯 ③ 型芯座尺寸不对
浇不足	铸件未浇满		① 铸件壁太薄，铸型散热太快 ② 内浇道尺寸过小，排气不畅 ③ 浇注温度太低 ④ 浇注速度太慢或金属液量不够

2.5 特种铸造简介

特种铸造是指除砂型铸造以外的其他铸造方法，如：金属型铸造、压力铸造、熔模铸造和离心铸造等等。这些铸造方法各有其优越之处，但在应用上也各有其局限性。

2.5.1 压力铸造

压力铸造简称压铸，是在高压作用下将液态金属以较高速度射压进入高精度的型腔内，在保压状态下快速凝固，以获得优质铸件的高精度高效率铸造方法。压力铸造的基本特点是高压（5~150 MPa）和高速（5~100 m/s）。

压力铸造的基本设备是压铸机。压铸机可分为热室压铸机和冷室压铸机两大类，冷室压铸机又可分为立式和卧式等类型，它们的工作原理基本相似。冷室压铸机利用高压油驱动，合型力大，充型速度快，生产效率高，应用比较广泛。

压力铸造时使用的模具称为压铸模，它主要由动模和定模两大部分组成：定模固定在压铸机的定模座板上，由浇道将压铸机压室与型腔连通；动模随压铸机的动模座板移动，完成开合型动作。完整的压铸模包括型体部分、导向装置、抽芯机构、顶出机构、浇注系统、排气和冷却系统等部分。图 2-13 是压铸模的总体结构示意图。

图 2-13　压铸模总体结构示意图
1—铸件；2—导柱；3—冷却水管；4—定模；5—动模；6—顶杆板；7—顶杆；
8—型腔；9—排气槽；10—浇注系统

（1）模体部分　模体部分包括定模和动模，模体闭合后构成型腔（有时还要和型芯共同构成型腔）。

（2）导向装置　导向装置包括导柱和导套，其作用是使动模按预定方向移动，保证动模和定模在安装及合型时的正确位置。

（3）抽芯机构　模具上用于抽出活动型芯的机构称为抽芯机构。凡是阻碍铸件从压铸模内取出的成型部分，都必须做成活动的型芯或型块，在开模前或开模后自铸件中取出。

（4）顶出机构　顶出机构的作用是在开模过程中将铸件顶出铸型，以便取出铸件。

卧式冷室压铸机的压铸过程如图 2-14 所示：合模后，将液态金属 3 浇入压室 2；压射冲头 1 向前快速推进，迅速将液态金属 3 经浇道 7 压入型腔 6；保压冷却凝固。开模时，借助压射冲头 1 前伸的动作（因为此时液压系统尚未卸压）使余料 8 离开压室 2，然后连同铸件一道被取出，完成压铸循环。

压铸是目前铸造生产中最先进的工艺之一，它的主要特点是生产率高，平均每小时可压铸 50~500 次，可进行半自动化或自动化的连续生产；产品质量好，尺寸精度高于金属型铸造，所得铸件强度比砂型铸造高 20%~40%。但压铸设备的投资大，压铸模制造复杂、周期长、费用高，只适宜于大批量生产，常用于压铸复杂重要的铝、镁、锌合金零件。目前压力铸造发展的主要趋向是：压铸机的系列化与自动化，并向大型化发展；提高压铸模具寿命，降低成本；采用新工艺（如真空压铸、加氧压铸等）来提高压铸件的质量，等等。

图 2-14　卧式冷室压铸机工作示意图

（a）合模；（b）压铸；（c）开模

1—压射冲头；2—压室；3—液态金属；4—定模；5—动模；6—型腔；7—浇道；8—余料

2.5.2　离心铸造

离心铸造是将液态金属浇入高速旋转（250～1 500 r/min）的铸型中，使其在离心力作用下填充铸型和凝固而获得所需铸件的方法。离心铸造在离心铸造机上进行，铸型采用金属型或砂型，它既可绕垂直轴旋转，也可绕水平轴旋转，如图 2-15 所示。离心铸造时，液态金属在离心力作用下结晶凝固，可获得无缩孔、气孔、夹杂的铸件，且组织致密，力学性能好。此外，离心铸造不需要浇注系统，减少了金属的消耗量。但离心铸造所得到的筒形铸件内孔尺寸不准确，内孔表面上有较多的气孔、夹杂，因此需要适当加大内孔的加工余量。离心铸造目前主要用于生产空心回转体零件，如：铸铁管、汽缸套、铜套、双金属滑动轴承等。

图 2-15　离心铸造示意图

（a）立式离心铸造；（b）卧式离心铸造

2.5.3　熔模铸造

熔模铸造又称失蜡铸造，属于精密铸造的一种。熔模铸造时，一般先制造蜡模；再将蜡模修整，然后焊在蜡制的浇注系统上，得到蜡模组；把蜡模组浸入用水玻璃和石英粉配制的涂料中，取出硬化结壳；多次重复操作，结壳逐层加厚硬化，获得型壳；在沸水中煮化蜡模，使蜡液流出型壳，便可得到无分型面的铸型型腔。为了排除型壳中的残余挥发物，提高型壳的强度，还需将型壳放在 850 ℃～950 ℃的炉内焙烧；再将焙烧好的型壳置于铁砂箱中，周围填充干砂制成砂箱，然后进行浇注即可。

熔模铸造可以生产形状十分复杂的小型铸件，所得铸件的尺寸精度高，表面光洁平整，一次浇注可以获得多件产品；但熔模铸造的工艺过程复杂，生产周期很长，成本较高，且不能生产大型铸件。因此，熔模铸造主要用于制造熔点高、形状复杂、难切削加工的小型碳钢铸件和小型合金钢铸件，如气轮机叶片、刀具等。

2.5.4 金属型铸造

把液态金属浇入金属制成的铸型内以获得铸件的方法，称为金属型铸造。金属型常用铸铁或钢制成。根据分型面的特点不同，金属型可有不同形式，目前广泛使用的是垂直分型式。

金属型浇注前，应在型腔表面涂刷一层脱模涂料，以保护铸型型腔，并可提高铸件的表面质量。金属型应预热并保持一定的工作温度，因为铸型温度太低将使液态金属冷却过快，容易产生浇不足、冷隔、裂纹等缺陷；铸型温度也不可太高，否则会使晶粒粗大，影响铸件的力学性能。

金属型可以多次浇注重复使用，节约了大量型砂和造型工时，提高了劳动生产率；所得铸件的尺寸准确，表面质量好，铸件的力学性能高。但金属型的制造成本较高，而且如果铸铁件冷却速度过快很容易产生白口现象，因此金属型主要用于形状简单的非铁金属及其合金铸件的批量生产。

2.6　铸造实习安全技术

（1）进入铸造车间，应注意安全，特别要留意地面的物品和空中的行车。

（2）造型时不可用嘴吹型砂和芯砂，造型用具不能随处乱放。

（3）砂箱要放置平稳，搬动砂箱时要注意扶稳轻放，防止被压伤。

（4）浇注前浇包必须烘干，渣扒等工具不得生锈或沾有水分。浇注时与操作无关的人员必须远离浇包。

（5）未放压铁或未卡紧的砂箱不得浇注，严禁两脚站在砂箱上进行浇注。

（6）取拿铸件前应注意是否完全冷却，清理铸件时要防止砂粒和碎屑飞出伤人。

复习思考题

一、填空题

（1）铸造的优点是可以铸出各种_____的铸件。

（2）铸造方法的种类很多，主要有_____铸造、_____铸造、_____铸造、_____铸造以及_____铸造等，其中以砂型铸造应用最广泛。

（3）砂型铸造的主要造型材料有型砂和芯砂两种，型砂用于_____，芯砂用于_____，都是由原砂（山砂或河砂）、粘土、水按一定比例混合而成。

（4）型砂的质量直接影响铸件的质量，通常型砂应具备良好的_____、足够的_____、较高的_____、必要的_____和_____。

(5) 造型时，通常可以选取工件的_____为分型面。

(6) 生产大型回转体铸件时为了节约生产成本，可以采用_____造型方法。

(7) 制做好的型芯在使用前必须_____，以防止型芯内的残留水汽在浇注时产生猛烈蒸发，引起液态金属爆炸事故。

(8) 冒口的作用是_____、_____和_____，用来保证铸件的质量。

(9) 铸铁熔炼设备主要有_____炉、_____炉、_____炉和_____炉等。

(10) 若浇注操作不当会引起_____、_____、_____、_____、_____等铸造缺陷，所以浇注时应当控制好浇注温度与浇注速度。

二、讨论题 （可采用口试方式进行考核）

(1) 型砂制备时，在型（芯）砂中加入少量煤粉和木屑的作用是什么？

(2) 常见的铸造缺陷主要有哪几种？它们的特征及产生原因是什么？

(3) 试述砂型铸造的工艺过程，并说明铸造生产有哪些优缺点。

(4) 什么叫做分型面？选择分型面时必须注意什么问题？

(5) 零件图的形状、尺寸与铸件模样的形状、尺寸是否完全一样？为什么？

(6) 型砂主要由哪些原料组成？它应具备哪些性能？

(7) 造型的基本方法有哪几种？各种造型方法的特点及其应用范围如何？

(8) 浇注系统由哪些部分组成？开设内浇道时要注意些什么问题？

(9) 液态金属浇注时，型腔中的气体从哪里来？应采取哪些措施防止铸件产生气孔？

(10) 什么是压力铸造？压铸模的结构由哪几部分组成？

第3章

锻造与钣料冲压成型

学习完本章，应该掌握如下内容：

◆ 了解锻造与冲压的生产过程、工艺特点和应用，了解锻压生产的常用材料和金属可塑性的概念。

◆ 熟悉自由锻的基本工序，能够用自由锻方法锻制简单的锻件，了解坯料加热的目的、方法、常见缺陷及其产生原因。

◆ 熟悉冲压的基本工序及简单冲模结构，能够完成简单零件的冲压加工，了解冲压缺陷及其产生原因。

3.1 概　　述

锻造与钣料冲压成型两大工种同属于锻压成型的工艺范围，都是通过施加外力使金属坯料产生塑性变形，从而获得所需尺寸、形状、内部组织零件毛坯的压力加工方法。其中：锻造是将工件加热烧红后，在高温状态下进行压力加工，用于制造简单零件、大型零件、重要零件的毛坯；钣料冲压成型是在常温状态下进行压力加工，用于制造薄板类零件及大型覆盖件，故又称为冷冲压，

金属材料经锻造后，能消除铸锭中的某些铸造缺陷，使材料内部晶粒细化、组织致密，使材料力学性能显著提高。生产中的大型、重要的机器零件和工具部件，如：车床主轴、高速齿轮、曲轴、连杆、锻模、镗床刀杆等，通常都采用锻造的方法来制取毛坯。

3.2 锻造生产过程

锻造生产的过程一般包括：备料、锻前加热、锻造成形、锻后冷却等环节。

3.2.1 备料

锻造大型锻件时，一般使用未经轧制的钢锭做坯料，通常由专业钢铁厂按合同的要求直接供给；锻造中小型锻件时，则常以经过轧制的圆钢棒料或中厚钢板，经锯割、气割或剪切后成为一定尺寸的坯料。

3.2.2 锻前加热

锻件坯料在锻造前必须加热，其目的是提高坯料的塑性和降低坯料的变形抗力，提高可锻性。锻件加热的常用设备有电炉、煤炉、煤气炉、油炉、手锻煤炉等。其中手锻煤炉的结构简单，操作方便，适合于学生金工实习使用。

锻件允许锻造的最高温度称为始锻温度，锻件必须停止锻造的温度称为终锻温度。由于化学成分各异，不同金属材料的始锻温度和终锻温度都是不一样的。常用金属材料的锻造温度范围如表3-1所示。

表3-1 常用金属材料的锻造温度范围

材料种类	始锻温度/℃	终锻温度/℃
低碳钢	1 200~1 250	800
中碳钢	1 150~1 200	800
合金结构钢	1 100~1 180	850

测定锻件的温度，可以采用热电偶温度计进行，也可以根据被加热金属的火色来进行目测判断。例如碳钢的加热温度与工件火色的关系，大致如表3-2所示。

表3-2 碳钢的加热温度与工件火色的关系

温度/℃	1 300	1 200	1 100	900	800	700	小于600
火色	白	亮黄	黄色	樱红	赤红	暗红	黑褐

3.2.3 锻造成型

按成型方式不同，锻造可分为自由锻造和模型锻造两大类。

自由锻造简称自由锻，它是利用简单的通用性工具使坯料受力变形，或者使用锻造设备使坯料在上、下砧铁之间受力变形而获得锻件的压力加工方法。自由锻造时，工件仅有上、下两面受力变形，其余各面的金属不受限制，材料可以自由流动，故称自由锻造。

模型锻造简称模锻，它是将坯料置于模具的型腔中，使坯料在模腔中受压成形而获得所需锻件的压力加工方法。模型锻造时，金属材料只能在模腔中流动，金属的变形受到模具型腔的限制，故称模锻。

无论自由锻造或模型锻造，在锻造过程中锻件的温度都会逐渐降低，伴随而来的是锻件的塑性降低、变形抗力加大，锻造变形越来越困难；当降至一定温度时不但变形困难，而且很容易被锻裂，此时必须停止锻造，这一温度就是终锻温度。如果需要继续锻造，则必须对锻件进行重新加热。

3.2.4 锻后冷却

锻后工件的冷却方式有空冷、坑冷和炉冷三种。空冷是在空气中冷却，锻件的冷却速度较快；坑冷是在填充有石棉灰、砂子或炉渣等绝热材料的坑中冷却，锻件的冷却速度较慢；炉冷是将工件置于 500 ℃ ~ 700 ℃ 的加热炉中随炉缓慢冷却，锻件的冷却速度最慢。

一般情况下，形状简单的锻件和中小型锻件可以采用较快的冷却速度；如果锻件材料中的含碳量及合金元素含量很高，或者锻件的体积很大、形状很复杂，则需要考虑采用较慢的冷却速度。

3.3 自 由 锻

自由锻分为手工自由锻和机器自由锻两种。利用简单的手工工具，使坯料产生变形而获得锻件的方法，称为手工自由锻；使用机器设备，使坯料在上、下砧铁之间受力变形，从而获得锻件的方法，称为机器自由锻。

手工自由锻的操作简单方便，但因完全依靠人力和手工工具进行操作，只能生产小型锻件。机器自由锻的适应性较广，可以生产大型、小型等多种规格的锻件。

3.3.1 自由锻主要设备

1. 机器自由锻设备

机器自由锻设备有空气锤、蒸汽-空气锤和水压机等，分别适合于小型、中型和大型锻件的生产。

1）空气锤 空气锤由锤身、压缩缸、工作缸、传动机构、操纵机构、锤头落下部分及砧座等部分组成。空气锤的工作原理如图 3-1 所示：电动机通过减速装置带动曲柄连杆机构转动，曲柄连杆机构把电动机的旋转运动转化为压缩缸活塞的上下往复运动，产生压缩空

图 3-1 空气锤的结构和工作原理

1—踏杆；2—砧座；3—砧垫；4—下抵铁；5—上抵铁；6—下旋阀；7—上旋阀；
8—工作缸；9—压缩缸；10—减速装置；11—电动机；12—工作活塞；13—压缩活塞；14—连杆

气，并通过上、下旋阀将压缩空气压入工作缸的下部或上部，推动工作活塞与上砧铁作升降运动，实现锤头对锻件的打击动作。空气锤的吨位以锤头落下部分的总质量表示，一般为 50~1 000 kg，落下部分包括工作活塞、锤杆、锤头和上砧铁。例如 65 kg 空气锤是指其落下部分总质量为 65 kg，而不是指锤头的打击力。

2）蒸汽-空气锤　蒸汽-空气锤也是靠锤头的冲击力锻打工件，但蒸汽-空气锤自身不带动力装置，需要另配蒸汽锅炉向其提供具有一定压力的蒸汽，或另配空气压缩机向其提供压缩空气。蒸汽-空气锤的锻造能力明显大于空气锤，一般为 0.5~5 T，常用于中型锻件的锻造。

3）水压机　水压机是锻压生产中最常用的一种大型液压机，其规格为 500~12 500 T，可以锻造重量为 1~300 T 的大型锻件。水压机工作时不依靠锤头的冲击力，而是依靠活塞的静压力使坯料产生变形，因此工作过程平稳震动较小，作用力的效果深达大型工件的内部，所得锻件的质量良好。

2. 手工自由锻工具

手工自由锻不需要使用锻造机器，而是全部由手工操作完成锻造过程。手工自由锻工作时，可以由一个人独立操作，也可以由打锤工和掌钳工协同配合进行操作。常用的手工自由锻工具如图 3-2 所示，有铁砧、锤子、手钳、冲子、錾子、漏盘等。

图 3-2　手工自由锻常用工具

3.3.2　自由锻基本工序

自由锻的工序很多，主要包括基本工序、辅助工序和精整工序三类。

自由锻的基本工序是锻造工艺的最主要部分，它包括镦粗、拔长、冲孔、弯曲、切割、错位、扭转、扩孔等，其中镦粗、拔长、冲孔、弯曲这几种工序的应用最多。

1. 镦粗

镦粗是通过锤头击打使坯料的高度减小、横截面积增大的工序，可用于锻造高度小、截面大的锻件，如齿轮、皮带轮、法兰盘等。镦粗可分完全镦粗、局部镦粗和垫环镦粗等几种，如图 3-3 所示。

2. 拔长

拔长是通过锻打使坯料减小截面、增加长度的锻造工序，主要用于制造长度大、截面小

图 3-3　镦粗方法

（a）完全镦粗；（b）局部镦粗；（c）垫环镦粗

的轴类和杆类锻件，如直轴、曲轴、拉杆、套筒等。拔长可分平砧拔长、赶铁局部拔长、芯棒拔长等种类，见图 3-4 所示。

图 3-4　拔长方法

（a）平砧拔长；（b）赶铁局部拔长；（c）芯棒拔长

拔长操作时应边锻打，边翻转，边送进坯料；每次的送进量和压下量应合适，既要避免产生夹层，又要考虑工作效率。将圆形截面的坯料拔长时，应该先锻打成方形；待边长接近所需直径时，再锻成八角形；最后锻成圆形。

3. 冲孔

在锻件上锻出通孔或不通孔的工艺，称为冲孔。常用的冲孔方法有单面冲孔和双面冲孔两种，参见图 3-5 和图 3-6 所示。较薄的工件可采用单面冲孔；较厚的工件单面冲孔难以完成，需要采用双面冲孔。双面冲孔时，先从一边冲至总深度的三分之二左右，再翻面从另一边将孔冲通。

图 3-5　单面冲孔　　　　　　　　　图 3-6　双面冲孔

4. 弯曲

使坯料弯成一定角度或一定形状的工序，称为弯曲，如图 3-7 所示。

5. 切割

将坯料切断或切除锻件余量的工序，称为切割，如图 3-8 所示。切割方形截面的锻件时，先从一面用剁刀切入锻件，至快断开时，将锻件翻转，再用剁刀或克棍截断；切割圆形截面的锻件时，先将锻件放在带有圆凹槽的剁垫中，边用剁刀切割边旋转锻件，直至切断。

图 3-7　弯曲

（a）

（b）

图 3-8　切割

（a）方料的切割；（b）圆料的切割

3.3.3　手工自由锻操作方法

1. 锻击方法

手工自由锻时，持锤锻击的方法有：

1）手挥法　主要靠手腕的运动来挥锤锻击。手挥法的锻击力较小，常用于指挥大锤的打击点和打击轻重。

2）肘挥法　肘部与手腕同时作用、同时用力，锤击的力度较大。

3）臂挥法　手腕、肘部和臂部一起运动，作用力较大，可使锻件产生较大的变形量，但费力甚大。

2. 锻击姿势

手工自由锻时，操作者站离铁砧约半步，右脚在左脚之后相距半步，上身稍向前倾，眼睛注视锻件的锻击点。左手握住钳杆的中部，右手握住手锤柄的端部，用手锤指示大锤的锤击。锻击过程中，必须始终将锻件平稳地放置在铁砧上，并且按锻击变形的需要，不断将锻件翻转或移动。

3. "六不打"

为了杜绝安全事故和防止出现锻件开裂等缺陷，在锻造过程中要严格做到"六不打"：低于终锻温度不打；锻件放置不平不打；冲子不垂直不打；剁刀、冲子、铁砧等工具上有油污不打；镦粗时工件弯曲不打；工具、料头易飞出的方向有人时不打。

3.3.4　锻件的加热缺陷与预防

锻件锻前加热温度的掌握，是保证锻造顺利进行和保证锻件质量的重要技术关键，如果掌握不当往往会产生缺陷，这些缺陷有以下三种：

1. 过热和过烧

金属受热温度过高，或者保温时间过长，金属内部晶粒急剧长大，形成粗大的晶粒，此种缺陷称为过热。金属受热到达更高温度并作较长时间的停留，空气中的氧渗入金属内部使晶界处发生氧化，晶粒间的联系被削弱和破坏，遇到锻压外力就会发生破裂，此种缺陷现象称为过烧。

金属加热时的过热，可以在锻造后通过热处理（正火）细化晶粒，恢复原有性能。但金属的过烧则无法挽回，只得报废。为了防止过热和过烧，应该严格控制加热温度和保温时间，切勿超过所允许的温度范围。

2. 氧化和脱碳

在高温状态下，锻件表层中的铁、碳与炉膛内的氧、二氧化碳、水蒸气等接触，产生化学反应，形成氧化皮和脱碳层，称为氧化和脱碳。为了防止或减少氧化皮、脱碳层的产生，可以采用快速加热或无氧化加热法。

对于氧化皮和脱碳层的处理措施，通常是加大锻件的加工余量，以便在后续的机械切削加工过程中将它们切除。

3. 裂纹

锻件毛坯在加热过程中由于热传导因素的影响，表面与内部存在一定的温度差，从而产生热应力。当热应力超过金属本身的强度极限时，就会产生裂纹。防止产生加热裂纹的主要措施是控制加热速度，缩小表层与内部的温度差。

3.4 模锻与胎模锻简介

3.4.1 模锻

模锻又称为模型锻造，是将加热后的坯料放入固定于模锻设备上的锻模之内进行压力成型的一种锻造方法。模锻可以在多种锻压设备上进行，锤上模锻大都采用 0.5~30 T 吨位的蒸汽-空气锤，压力机上模锻大都采用摩擦压力机。

模锻的锻模结构有单模膛锻模和多模膛锻模之分。如图 3-9 所示为单模膛锻模，它借助燕尾槽和斜楔配合使锻模固定，防止锻模脱出和左右移动；借助键和键槽的配合使锻模定位准确，并防止锻模前后移动。单模膛锻模仅有终锻模膛，锻造时需要借助空气锤制坯，再经终锻模膛的多次锤击后一次成型，最后取出锻件切除飞边。

模锻的生产效率和锻件精度比自由锻高，通常可以锻造形状比较复杂的锻件，但需要使用专用设备，且模具的制造成本较高，故适用于大批量生产。

3.4.2 胎模锻

胎模锻造是自由锻和模锻相结合的一种锻压加工方法。胎模锻造时，通常是先采用自由锻制坯，后在胎模中锻造成型，整个锻造过程都是在自由锻设备上进行。胎模的结构如图 3-10 所示：在胎模的上模和下模侧面，都装有供操作者握持操作的手柄 5，还制有定位销孔 3 和导销 2；工作时先将下模块 6 置于空气锤的下砧座上但不固定；锻造时将坯料放入胎模的模膛 1 内，合上上模块 4，用锤头多次击打上模；待上模、下模合拢后，便可得到成型锻件。

图 3-9　单模膛锻模

1—下模；2—上模；3—锤头；4—模座；5—上模用楔；

6—上模用键；7—下模用楔；8—下模用键；9—模座楔；

10—砧座；A—坯料；B—变形；C—带飞边的锻件；

D—切下的飞边；E—锻件

图 3-10　胎模的结构

1—模腔；2—导销；3—销孔；

4—上模块；5—手柄；6—下模块

3.5　钣料冲压成型

钣料冲压成型是将钣料置于冲压模具内，利用冲模使金属薄板发生分离或变形的加工成型方法。钣料冲压通常在室温下进行，因此又称为冷冲压，简称冲压。冲压所用金属钣料的厚度一般在 6 mm 以下，其中 ≤3 mm 的薄板最为常用。

钣料冲压件的精度高、刚性好、质量轻、表面光洁，一般不需要再经切削加工就可直接进入装配使用。此外，冲压工作很容易实现机械化和自动化，生产效率很高，因此冲压加工的应用很广泛，在家电、五金、钟表、电机、仪器仪表、汽车、摩托车、航空等产品中，都使用着多种钣料冲压成型方法获得的金属薄板零件。钣料冲压除了用于制造金属材料（最常用的是低碳钢、铜、铝及其合金）的冲压件以外，还可用于许多非金属材料（如胶木、云母、石棉、皮革等）的冲压成型加工。

3.5.1　冲压设备

冲压基本设备主要有冲床和剪板机两种。开式冲床的构造与工作原理如图3-11 所示。冲床的规格大小是以滑块在特定位置时，偏心轴所能承受的最大压力（kN）来表示。单柱冲床的吨位为 63~2 000 kN。冲压所需的常用设备还有剪板机，用于将整张板料裁剪成小条料，以便于后续冲压操作。

3.5.2　冲压模具

实现冲压工序所需的工艺装备称为冲压模具，简称冲模。常用冲模有：落料模、冲孔模、拉深模、弯曲模、修边模、落料冲孔复合模等。

某冲模的结构如图 3-12 所示：冲模由上模和下模两部分组成，下模固定在工作台上，

图 3-11 开式冲床的构造与工作原理

（a）外形图；（b）传动简图

1—工作台；2—导轨；3—床身；4—电动机；5—连杆；6—制动器；7—曲轴；8—离合器；
9—飞轮；10—V形带；11—滑块；12—踏板；13—拉杆

工作时静止不动；上模借助模柄固定在冲床滑块上，工作时随滑块上下运动。冲模的工作部分为凸模和凹模，它们用模具钢精密制造并经热处理淬硬，借助于凸模固定板和凹模固定板分别固定在上模板和下模板上，用于直接使坯料分离或成形。导套和导柱用来引导凸模与凹模对准定位，导板控制着坯料的进给方向，定位销控制坯料的进给长度。卸料板的作用则是当上模回程时，将坯料从凸模上卸下。

图 3-12 冲模的结构

3.5.3 冲压基本工序

冲压基本工序可分为分离工序和变形工序两大类：落料、冲孔、切口、修边等属于分离工序；弯曲、拉深、翻孔、卷边、压印、整形等属于变形工序。在生产中，最常见的冲压工序主要有落料、冲孔、弯曲、拉深等。

1. 落料和冲孔

落料和冲孔统称为冲裁，属于分离工序，它们所用的冲模都称为冲裁模。虽然落料工序与冲孔工序的工艺过程相同，但两者的工作目的完全不同：落料如图 3-13（a）所示，凸模向下运动将坯料冲裁分离，继续留在凹模上方的坯料为废料，进入凹模后掉落下来的料块为产品，落料产品的外径尺寸由凹模孔尺寸决定；冲孔与上述情况刚好相反，如图 3-13（b）所示，进入凹模后落下的料块为废料，继续留在凹模上方的坯料为产品，冲孔产品的孔径尺寸由凸模尺寸决定。

图 3-13 落料工序和冲孔工序
（a）落料工序；（b）冲孔工序

冲裁模的凸模刃口与凹模刃口必须保持锋利，凸模与凹模之间应留有合适的间隙，通常单边间隙为板料厚度的 3%~10%，依板料厚度和材质而定。如果间隙过大或过小，冲裁件的边缘都会出现毛刺，使冲裁断面的质量下降。

2. 弯曲和拉深

弯曲是使钣料产生变形以获得各种不同弯角形状零件的冲压工序，如图3-14 所示。弯曲模的凸模工作部分应做成一定的圆角，以防止弯曲半径太小使工件的外表面被拉裂。

拉深是采用拉深模使钣料产生局部变形，以获得空心筒状零件或空心盒状零件的冲压工序，如图 3-15 所示。拉深所用坯料应预先制成一定的形状和尺寸，通常采用落料方法获得。拉深件在拉深过程中容易产生起皱与拉裂的缺陷。为了防止工件起皱，拉深时需要使用压边圈压住坯料的边缘，并适当调整压边圈的压边力使之均匀；为了防止工件被拉裂，拉深模的凸模和凹模边缘应制有尽可能大的圆角，拉深凸模与拉深凹模之间应留有略大于钣料厚度的间隙，此外还需要合理选择被拉深钣料的材质。

图 3-14 弯曲工序

图 3-15 拉深工序

3. 其他冲压工序

其他冲压工序还有很多，表 3-3 列出了常见的冲压工序及示意简图。

表 3-3 常见的冲压工序及示意简图

工序名称		简 图	所用的模具名称	简 要 说 明
分离工序	落料		落料模	冲下的部分是零件
	冲孔		冲孔模	冲下的部分是废料
	切边		切边模	切去多余的边缘
	切断		切断模	将条料或钣料切断
	剖切		剖切模	将一个工件剖切成两个或多个
成型工序	弯曲		弯曲模	将钣料弯曲成各种形状
	卷圆		卷圆模	将钣料端部卷成接近封闭的圆头
	拉深		拉深模	将钣料拉成空心容器的形状
	翻边		翻边模	将钣料上的平孔翻成竖立孔
	胀形		胀形模	将柱状工件胀成曲面状工件
	压印		压印模	在钣料的平面上压出加强筋或凹凸标识

3.6 锻造与钣料冲压实习安全技术

3.6.1 锻工安全技术

（1）随时检查锤柄是否装紧，锤柄、锤头、砧座以及其他工具是否有裂纹或其他破损。

（2）不准用手触摸锻件，必要时应洒水探测，确认温度不高后方可用手接触锻件。

（3）操作时，锤柄或夹钳的柄部应置于身体旁侧，不可正对人体部位。

（4）不要站在离操作者太近的位置，更不得站在切割操作时料头飞出的切线方向。

（5）严禁用手或脚去擦锤砧上的氧化皮，必要时应当用扫帚扫掉。

（6）不许悬空脚踩锻锤的踏杆，严禁用锤头空击锻模或砧铁，不准锻打过冷的工件。

3.6.2　冲压工安全技术

（1）冲压操作时必须使用夹钳拿取工件，绝不允许把手直接伸进模具中间。

（2）严禁连冲，不许把脚一直放在离合器踏板上进行操作，必须每冲一次踩一下。

（3）两人以上合作操作一台设备时，必须要分工明确，协调配合，注意力高度集中。

（4）在放置毛坯、取出冲压件、清理废料或工件时，都必须使用工具进行操作。

（5）实习工作结束后，应切断电源，擦净模具涂油，将模具放回模架。

（6）发现模具或机床有异常现象时，要立即停机，报告实习指导老师处理。

复习思考题

一、填空题

（1）锻造是将工件加热烧红后，在_____状态下进行压力加工的成型方法。

（2）金属材料经锻造后，能消除铸锭中的某些铸造缺陷，使材料内部晶粒细化、组织致密，使_____显著提高。

（3）按成型方式不同，锻造可分为_____锻造和_____锻造两大类。

（4）锻件坯料在锻造前必须加热，锻件允许加热达到的最高温度称为_____温度，锻件停止锻造的温度称为_____温度。

（5）利用简单手工工具使坯料变形而获得锻件的方法，称为_____自由锻；使用机器设备使坯料在上、下砧铁之间受力变形而获得锻件的方法，称为_____自由锻。

（6）机器自由锻设备有_____锤、_____锤和_____机等，分别适合小型、中型和大型锻件的生产。

（7）_____是通过锤头击打使坯料的高度减小、横截面积增大的工序，可用于锻造齿轮、皮带轮、法兰盘等工件；_____是通过锻打使坯料减小截面、增加长度的锻造工序，主要用于制造直轴、曲轴、拉杆、套筒等工件。

（8）手工自由锻的持锤锻击方法有_____法、_____法、_____法三种。

（9）为了杜绝安全事故和防止锻件开裂缺陷，在锻造过程中要严格做到"_____"。

（10）锻件的加热缺陷有_____、_____、_____三种。

（11）板料冲压是在_____状态下进行压力加工成型的方法，常用于制造薄板类零件及大型覆盖件，故又称为冷冲压，简称冲压。

（12）冲压件的_____高、_____好、_____轻、_____光洁，一般不需要再经切削加工就可直接进入装配使用。

（13）冲压的基本设备主要有_____和_____两种。

（14）冲压工序所需的工艺装备称为冲压模具，简称冲模。常用冲模有_____模、

_____模、_____模、_____模、_____模、_____复合模等。

（15）冲压的基本工序可分为两大类：落料、冲孔、切口、修边等属于_____工序；弯曲、拉深、翻孔、卷边、压印、整形等属于_____工序。

（16）冲裁间隙过大或过小，冲裁件边缘都会出现_____，使冲裁件质量下降。

（17）冲压板料的厚度一般在_____mm 以下，其中≤_____mm 的薄板最为常用。

（18）落料和冲孔统称为_____，属于分离工序，它们所用的冲模都称为_____模。

（19）导套和导柱用来引导凸模与凹模_____，导板控制着坯料的_____，定位销控制坯料的_____。

（20）冲模由上模和下模两部分组成，_____固定在工作台上，工作时静止不动；_____借助模柄固定在冲床滑块上，工作时随滑块上下运动。

二、讨论题（可采用口试方式进行考核）

（1）落料与冲孔有什么异同？剪切与冲裁又有什么异同？

（2）在拉深过程中，为了防止钣料起皱或被拉裂，可以采取哪些技术措施？

（3）试说明碳钢的加热温度与工件火色的对应关系是什么？

加热温度（℃）	1300	1200	1100	900	800	700	小于600
火色							

（4）工件在锻造前为什么要加热？如何确定低碳钢、中碳钢的始锻温度和终锻温度？

（5）自由锻有哪些基本操作工序？各有什么用途？

（6）试拟定六角螺母坯料的锻造工艺过程。

（7）试比较冲裁模和拉深模的主要区别。

（8）试从设备、模具、锻件精度、生产效率等方面分析比较自由锻、模锻、胎膜锻之间有何不同？

（9）空气锤的吨位是如何表示的？65 kg 空气锤的打击力是 65 kg 吗？

（10）模锻的终锻模膛有何特点？飞边槽有何作用？模锻能否锻出通孔件？为什么？

（11）冲模有哪几类？它们如何区分？试说明垫圈的两种冲压方法所使用的冲模。

（12）试述锻件的加热缺陷及其预防措施有哪些？

第 4 章

焊接成型

学习完本章，应该掌握如下内容：

◆ 了解焊接的工艺过程及其特点，学习焊条、焊剂、焊丝等焊接材料的使用。

◆ 熟悉手工电弧焊、气焊、气割的常用生产设备，学习并掌握它们的基本操作方法，完成用手工电弧焊进行简单零件的平焊操作。

◆ 了解氩弧焊、CO_2气体保护焊、压力焊、钎焊的特点和应用范围。

4.1 概　　述

焊接是指通过加热或同时加热加压的方法，使分离的焊件金属之间产生原子间结合力而连成一体的连接方法，它是一种重要的金属加工工艺手段，在现代工业生产中广泛用来制造各种金属结构和机械零件。

焊接属于一种不可拆卸的连接。与铆接相比，焊接方法省工节料，接头的致密性好，焊接过程便于实现机械化和自动化。通过焊接还可以将型材、冲压件、锻件拼焊成组合体结构，用于制造大型零件毛坯。

焊接方法的种类很多，按照焊接过程的物理特点，焊接的基本方法可分为三大类：熔化焊、压力焊、钎焊。熔化焊的具体方法有手工电弧焊、气焊、埋弧自动焊、气体保护焊、电渣焊、等离子弧焊等等，以手工电弧焊和气焊在实际生产中的应用较为普遍。

4.2 手工电弧焊

4.2.1 基本知识

手工电弧焊是利用电弧放电所产生的高热量，将焊条和被焊金属局部加热至熔化，经冷凝后完成焊接。

手工电弧焊的过程如图4-1所示：将工件和焊钳分别连接到电焊机的两个电极上，并用焊钳夹持焊条；将焊条与工件瞬时接触，随即将焊条提起，在焊条与工件之间便产生了电弧；电弧区的温度很高，中心处最高温度可达 6 000～8 000 K，将工件接头附近的金属和焊条熔化，形成焊接熔池；随着焊条沿焊接方向陆续移动，新的焊接熔池不断形成，原先熔化了的金属迅速冷却和凝固，形成一条牢固的焊缝，将分离的金属焊接为整体。

1. 电焊机和焊钳

手工电弧焊使用的电焊机有交流电焊机和直流电焊机两种。

1）交流电焊机 交流电焊机是一种特殊的降压变压器（图4-2），它能将220 V 或 380 V 的电源电压降至空载时的 60~70 V 和电弧燃烧时的 20~35 V，能输出几十安培到几百安培的电流，并可以根据需要很方便地调整焊接电流的大小。电流的调节可分为粗调和细调两级：

图 4-1 手工电弧焊示意图

粗调是改变输出抽头的接法，调节范围大，如 BXl—330 型电焊机的粗调共分两挡，一挡为 50~100 A，另一挡为 160~450 A；细调是旋转调节手柄，将电流调节到所需要的数值。交流电焊机的结构简单，制造和维修方便，价格低廉，工作时噪声小，应用比较广泛；它的缺点是焊接电弧不够稳定。

2）直流电焊机 直流电焊机由交流电动机和特殊的直流发电机组合而成，如图4-3所示。交流电动机带动直流发电机旋转，发出满足焊接要求的直流电，其空载电压约为 50~80 V，工作电压约为 30 V，电流调节范围为 45~320 A，同样也可分为粗调和细调两级。

图 4-2 交流电焊机   图 4-3 直流电焊机

直流电焊机在工作时有正接法和反接法两种接线方法：正接法为工件接正极，焊条接负极；反接法为工件接负极，焊条接正极。由于电弧正极区的温度较高，负极区的温度较低，因此采用正接法时工件的温度较高，常用于焊接黑色金属；采用反接法时工件的温度较低，常用于焊接有色金属和较薄钢板件。直流电焊机的焊接电弧稳定，可以适应各种焊条的焊接；但它的结构复杂，价格较昂贵。

对于交流电焊机和直流电焊机，它们的规格都是以正常工作时可能供给的最大电流表示，如：BXl—330 表示额定电流为 330 A 的交流电焊机。

3）焊钳和面罩 焊钳的作用是夹持焊条和传递焊接电流，面罩的作用是保护工人的眼睛和面部免被弧光灼伤。在手工电弧焊时必须使用面罩方可作业，切不可裸眼直视弧光进行操作。

2. 电焊条

电焊条由金属焊芯和焊条药皮组成。金属焊芯既是焊接时的电极，又是填充焊缝的金属材料；焊条药皮由矿石粉、铁合金粉、水玻璃等配制而成，粘涂在金属焊芯的外面，其作用是帮助电弧引燃并保持电弧稳定燃烧，保护焊接熔池内的高温熔融金属不被氧化，以及补充被烧损的合金元素，提高焊缝的力学性能。

按被焊接零件的材料不同，电焊条有低碳钢焊条、合金钢焊条、不锈钢焊条、铸铁焊条、铜及铜合金焊条、铝及铝合金焊条等。

电焊条直径以金属焊芯的直径尺寸表示。常用电焊条的焊芯直径为 $\phi 3.2 \sim \phi 6$ mm，长度为 $300 \sim 450$ mm。

3. 焊接接头、坡口、焊缝位置

在手工电弧焊中，由于产品的结构形状、材料厚度和焊件质量的要求不同，需要采用不同型式的接头和坡口进行焊接。

焊接接头型式有对接、搭接、角接和 T 型接等多种，如图 4-4 所示。

图 4-4   焊接接头型式

(a) 对接；(b) 搭接；(c) 角接；(d) T 型接

对接接头的受力比较均匀，是最常用的焊接接头型式。当被焊件较薄时，对接接头可不开坡口，仅需在被焊件接头之间留出适当的间隙即可。当工件厚度小于 3 mm 时可以单面施焊；当工件厚度为 4~6 mm 时需要双面施焊；当工件厚度大于 6 mm 时为了保证焊透，必须预先开出焊接坡口。各种形式的坡口如 图 4-5 所示：V 形坡口的加工比较方便，但加工量比较大，X 形坡口由于焊缝两面对称，焊接应力和焊接变形较小，而且在厚度相同时，X 形坡口比 V 形坡口的加工量小，节省焊条；当焊接锅炉、高压容器等重要的厚壁构件时，需要采用 U 形坡口，这种坡口容易焊透，且工件变形小，但加工坡口比较费时。

图 4-5   对接接头的坡口

除了对接接头之外，T 型接头在生产中也常采用。与对接接头相似，对于较厚的焊件也可预先开出各种形式的坡口。搭接接头受力时将产生附加弯矩，且金属消耗量也较大，一般应避免采用。角接接头的受力情况相对复杂，强度比较低，在生产中很少采用。

按照焊缝在空间的操作位置不同，焊接方法可分为平焊、立焊、横焊和仰焊四种，如图 4-6 所示。平焊操作容易，工人的劳动强度低，焊缝的质量高；立焊、横焊和仰焊由于焊接熔池中的液态金属有滴落的趋势，操作比较困难，焊接质量不易保证，所以应尽可能地采用平焊。

图 4-6　焊缝的位置
（a）平焊；（b）立焊；（c）横焊；（d）仰焊

4. 电焊条直径和焊接电流选择

电焊条的直径和焊接电流的大小，是影响手工电弧焊焊接质量与生产效率的重要因素。电焊条的直径 d 取决于工件的厚度、接头型式、焊缝在空间的操作位置等，通常可按工件的厚度选取。例如平焊低碳钢时，电焊条直径可按表 4-1 选取。

表 4-1　电焊条直径选择

焊件厚度/mm	2	3	4~5	6~12	>12
焊条直径/mm	2	3.2	3.2~4	4~5	5~6

手工电弧焊的焊接电流大小，可参考工件的厚度，按电焊条的直径选取。当工件较厚、焊工的技术水平高、野外操作时焊接电流宜取大值；在相同的焊接条件下，立焊比平焊时的焊接电流要减少 10%~15%，仰焊则应减少 15%~20%。

4.2.2　基本操作方法

手工电弧焊的基本操作，主要包括"引弧"和"运条"。

1. 引弧

引弧就是将焊条与工件接触，形成瞬间短路，然后迅速将焊条提起 2~4 mm，使焊条与工件之间产生稳定的电弧。

引弧的方法如图 4-7 所示，通常有敲击法和擦划法两种。敲击法是将焊条垂直地触及工件表面，然后迅速地向上提起引弧，这种方法比较难掌握；擦划法类似模拟擦火柴的动作，将焊条在工件表面划一下即可引弧，这种方法比较容易掌握，但擦划法有时容易损伤工件的表面。

引弧时如果焊条和工件粘结在一起，可将焊条左右摇动后拉开；如果拉不开，则要松开焊钳，切断焊接电路，待焊条稍稍冷却之后再拉开。但

图 4-7　引弧的方法
（a）敲击法；（b）擦划法

图4-8 运条的三个基本动作

Ⅰ—向下送进；Ⅱ—沿焊接方向移动；

Ⅲ—横向往复摆动

应当注意：焊接短路的时间不可太长，以免烧坏电焊机。有时焊条与工件多次瞬时接触后仍不能引弧，这往往是焊条端部的药皮妨碍了导电，此时只需将焊条端部包住焊芯金属的药皮敲掉少许即可。

2. 运条

手工电弧焊运条有三个基本动作，如图4-8所示：（Ⅰ）引弧后，将焊条与工件平面倾斜，保持70°~80°方位角，均匀地向下送进焊条，以维持一定的电弧长度；（Ⅱ）将焊条沿焊接方向缓慢均匀地向前移动，使工件焊透；（Ⅲ）焊条垂直于焊缝方向作横向往复摆动，以获得所需的焊缝形态。

手工电弧焊的运条路径如图4-9所示：对于薄板、窄焊缝，可采用直线形运条或直线往返形运条；对于平焊、立焊缝，可采用锯齿形运条或月牙形运条；对于横焊、仰焊、立焊缝，可采用斜三角形运条或斜圆圈形运条。

为了便于定位和焊接装配，在较长焊缝正式施焊之前，应每隔一段距离点焊一小段焊缝，使焊件的相对位置固定，这种操作通常称为焊接点固，如图4-10所示。

图4-9 手工电弧焊运条路径

图4-10 焊接点固

4.2.3 焊接变形和焊接缺陷

1. 焊接变形

焊接过程中焊件受到不均匀的局部加热，焊缝及其附近金属的温度场分布极不均匀，局部高温金属受到周围低温部分金属材料的限制无法自由膨胀，因此，冷却后的焊件将会发生纵向（沿焊缝长度方向）和横向（垂直焊缝长度方向）收缩，引起焊接工件变形；与此同时，在工件内部也不可避免地会产生残余应力，从而降低焊接结构的承载能力，并引起进一步的变形甚至产生裂纹。

焊接变形的基本形式如图4-11所示，主要有：尺寸收缩、角变形、弯曲变形、扭曲变形、翘曲变形等。焊接变形降低了焊接结构的尺寸精度，应当采取措施防止。防止和减少焊接变形的工艺措施主要有反变形法、加裕量法、刚性夹持法，以及选择合理的焊接次序等。如果已经发生了超过允许值的焊接变形，可以采用机械矫正法和火焰加热矫正法来进行矫正。此外，焊前预热和焊后退火处理对于减少焊接应力变形是很有效的方法，同时预热法对于减少焊接变形也很有帮助。

图 4-11　焊接变形的基本形式

(a) 尺寸收缩；(b) 角变形；(c) 弯曲变形；(d) 扭曲变形；(e) 翘曲变形

2. 焊接缺陷

由于焊接工艺参数选择不当、操作技术不佳等原因，焊接过程中可能会产生焊接缺陷。焊接缺陷包括外观缺陷与内部缺陷两大类。焊接缺陷将会导致应力集中，使承载能力降低，因此必须采取措施尽量限制焊接缺陷的产生，努力减轻它的不良影响。

焊接接头的外观缺陷如图 4-12 所示，主要有咬边、焊瘤、烧穿、未焊满等。其中：咬边是指焊缝表面与母材交界处产生的沟槽或凹陷，形成咬边的主要原因有焊接电流太大、电弧太长、操作不当等；焊瘤是指在焊接过程中，熔融金属流溢到焊缝之外未熔化的母材上，冷却后形成的金属瘤。

图 4-12　焊接接头的外观缺陷

焊接接头的内部缺陷如图 4-13 所示，主要有：裂纹、气孔、夹渣、未焊透等。裂纹是在焊缝区或近缝区的焊件内部或表面产生的横向或纵向的微小缝隙，分为冷裂纹和热裂纹。产生裂纹的原因主要是材料（母材或焊接材料）选择不当、焊接工艺不正确等。

图 4-13　焊接接头的内部缺陷

减少裂纹产生的措施有：合理设计焊接结构，合理安排焊接顺序，以及采取预热、缓冷等等。气孔是焊缝表面或内部出现的微小孔洞，产生气孔的原因有焊条受潮、坡口未彻底清理干净、焊接速度过快、焊接电流不合适等。夹渣指的是残留在焊缝内部的熔渣，产生夹渣的原因为坡口角度过小、焊接电流太小、多层焊时清渣不够干净等。未焊透是指焊接接头的根部未完全熔合的现象，是由于焊接电流太小、焊速过快、坡口角度尺寸不合适等原因造成的。为了保证焊接产品的质量，焊接完工后一般都应根据产品的技术要求进行检验，生产中常用的检验方法有外观检查、着色检查、无损探伤（包括磁粉探伤、射线探伤和超声波探伤）、密封性试验等。

4.3　气焊与气割

4.3.1　基本知识

气焊与气割是利用气体的燃烧火焰热量进行金属焊接和切割的方法。生产中最常用氧乙炔气焊，它的火焰温度最高可达 3 150 ℃，热量也较分散，加热工件缓慢，但比较均匀，适合于焊接 0.5~2 mm 薄钢板件、有色金属件和铸铁等工件。气焊的另一个优点是不需使用电能，因此在没有电源的地方也可以应用。

1. 气焊设备

气焊设备如图 4-14 所示，主要由氧气瓶、氧气减压器、乙炔发生器（或乙炔气瓶和乙炔减压器）、回火防止器、焊炬和气管等组成。

图 4-14　气焊设备

1）氧气瓶　氧气瓶是储存和运输高压氧气的钢质容器，一般容量为 40 L，贮氧的最高压力为 15 MPa。氧气瓶外表涂蓝漆，瓶口上装有瓶阀和瓶帽，瓶壳周围装有橡皮防震圈。

2）减压器　减压器用于将气瓶中高压气体的压强，降低到工作所需的低压范围内，并在气焊过程中保持气体压强基本稳定不变。

3）乙炔发生器和乙炔气瓶　乙炔发生器是使水与电石相接触进行化学反应，从而产生具有一定压强的乙炔气体的装置。我国主要应用的是中压式（0.045~0.15 MPa）乙炔发生器，其结构形式有排水式和联合式两种。

乙炔气瓶是储存和运输乙炔气的容器，其外表涂白漆，并用红漆标注"乙炔"字样。乙炔气瓶内装有浸透丙酮的多孔性填料，使乙炔气体得以安全而稳定地储存于气瓶中。多孔性填料通常由活性炭、木屑、浮石和硅藻土混合制成。乙炔气瓶的额定工作压力为 1.5 MPa，一般容量为 40 L。必须特别注意的是：乙炔气瓶在搬运、装卸、使用时都应竖立放稳，严禁将乙炔气瓶卧放在地面上直接使用，以免发生爆炸危险；如果万一需要使用已经卧放过的乙炔气瓶时，必须先将乙炔气瓶扶正，竖立静止 20 min 之后，方可连接乙炔减压器使用。

4）回火防止器　在气焊或气割过程中，如果遇有气体压力不足、焊嘴堵塞、焊嘴过热、焊嘴离焊件距离太近等情况时，均可能发生火焰沿焊嘴回烧到输气管的现象，俗称"回火"。回火具有极大的安全隐患，回火防止器就是防止回火火焰向输气管路或气源回烧的一种安全保险装置，它有水封式和干式两种结构。

5）焊炬　焊炬的作用是将氧气和乙炔气按所需比例均匀混合，然后以确定的速度经由焊嘴喷出，点燃后形成具有足够能量和性质稳定的焊接火焰。按乙炔气进入混合室的方式不同，焊炬可分为射吸式和等压式两种。生产中最常用的是射吸式焊炬，其工作原理及构造如图 4-15 所示：工作时，高速氧气流从喷嘴 4 以极高速度射入射吸管 3，将低压乙炔气吸入射吸管，两者在混合管 2 内充分混合；混合气由焊嘴 1 喷出，点燃成为高温焊接火焰。焊炬工作时应该先打开氧气阀门，后打开乙炔气阀门，两种气体便可在混合管内均匀混合。控制各阀门的大小，即可调节氧气和乙炔气的不同比例，从而改变气焊焊接火焰的温度和性质。一般焊炬应备有 3~5 个孔径不同的焊嘴，以便用于焊接不同厚度的工件。

图 4-15　射吸式焊炬的构造
1—焊嘴；2—混合管；3—射吸管；4—喷嘴；5—氧气阀；
6—氧气导管；7—乙炔气导管；8—乙炔气阀

6）气管　氧气橡皮管为黑色，内径为 8 mm，工作压力为 1.5 MPa；乙炔气橡皮管为红色，内径为 10 mm，工作压力为 0.5 MPa 或 1.0 MPa。橡皮管的长度一般为 10~15 m。

2. 气焊火焰

气焊主要采用氧—乙炔火焰。调节氧气和乙炔气的混合比例，可以得到三种不同形态的火焰，即中性焰、氧化焰和碳化焰，它们对焊缝质量有十分重要的影响。

1）中性焰　中性焰如图 4-16（a）所示，由焰心、内焰、外焰三部分组成，焰心 1 呈亮白色的圆锥体，温度较低；内焰 2 呈暗紫色，温度最高，适用于焊接；外焰 3 的颜色从淡紫色逐渐向橙黄色变化，温度递降，热量分散。当氧气和乙炔气的混合比为 1~1.2 时，气体燃烧过后无剩余氧或乙炔，燃烧充分热量集中，产生中性焰，火焰温度可达 3 050 ℃~3 150 ℃。中性焰的应用最广，低碳钢、中

图 4-16　氧—乙炔火焰的形态
（a）中性焰；（b）碳化焰；
（c）氧化焰

碳钢、铸铁、低合金钢、不锈钢、紫铜、锡青铜、铝及铝合金、镁合金等材料气焊时都是使用中性焰。

2）碳化焰　碳化焰如图 4-16（b）所示，整个火焰比中性焰长呈蓝白色，发出的声音较弱，火焰温度最高约达 2 700 ℃~3 000 ℃。当氧气与乙炔气的混合比小于 1 时，部分乙炔气未燃烧完全，由于过剩乙炔气分解为碳粒和氢气的原因，碳化焰具有还原性，使焊缝金属的含氢量增加，焊接低碳钢时有渗碳现象，所以碳化焰适用于高碳钢、铸铁、高速钢、硬质合金、铝青铜等的气焊。

3）氧化焰　氧化焰如图 4-16（c）所示，焰心 1 短而尖，内焰区的氧化反应剧烈，火焰挺直发出"嘶嘶"声，温度可高达 3 100 ℃~3 300 ℃。当氧气与乙炔气的混合比大于 1.2 时，燃烧过后的气体中仍有过剩的氧气，由于氧化焰易使金属氧化，焊接碳钢时容易产生气体并出现熔池沸腾现象，故一般很少采用，仅在焊接黄铜、锰黄铜、镀锌铁皮等材料时使用氧化焰。

4.3.2　气焊的基本操作

气焊的基本操作有点火、调节火焰、焊接和熄火等几个步骤。

1. 点火

气焊点火时，先把氧气阀门略微打开，然后再开大乙炔气阀门，即可点燃火焰。若有火焰爆破声，或者火焰点燃后立即熄灭，应当减少氧气或排放掉不纯的乙炔气，再次进行点火。

2. 调节火焰

刚开始点燃的火焰是碳化焰，随后逐渐开大氧气阀门，调接成中性焰。

3. 平焊焊接

气焊时，右手握持焊炬，左手拿焊丝。焊接刚开始时，为了尽快地加热和熔化工件形成焊接熔池，焊嘴的倾角应为 80°~90°，如图 4-17 所示；进入正常焊接阶段时，焊嘴的倾角一般应保持在 40°~50° 之间，将焊丝有节奏地填入熔池熔化，焊炬和焊丝自右向左移动，移动速度要均匀合适，保持熔池一定大小。为了使工件能焊透，以获得良好的焊缝，焊炬和焊丝需作横向摆动，焊丝还要向熔池送进。

图 4-17　平焊时焊嘴的倾角

4. 熄火

工件焊完熄火时，应该先关乙炔气阀门后关氧气阀门，以免发生回火，并可减少烟尘。

4.3.3　氧气切割

氧气切割简称气割，是利用高温金属在纯氧中燃烧氧化而将工件分离的加工方法。

气割时，先用氧—乙炔焰将金属预热到接近熔点温度，碳钢为 1 100 ℃~1 150 ℃，呈淡黄色；然后开大氧气开关，送出多量高压纯氧，使高温熔融金属迅速氧化，生成氧化物熔渣并被高压氧气吹走，形成气割切口，如图 4-18 所示；金属在氧化燃烧时放出大量的热，被用于预热工件待切割的部分；随着割炬缓慢移动，即可完成氧气切割全过程。

图 4-18　氧气切割

气割时需要使用气割割炬，它与焊炬的结构不同，增加了输送切割氧气的管道，割嘴的结构也不一样，如图 4-19 所示。气割的操作方便，生产率较高，切口较平整，能切割形状复杂和较厚的工件，适用于低碳钢和中碳钢的切割成型加工。

图 4-19　气割割炬

4.4 其他焊接方法

4.4.1 气体保护焊

采用电弧焊焊接易氧化金属如铝、铝合金、高合金钢时，由于浮在焊接熔池表面起保护作用的熔渣中含有氧化物，因此不容易得到优质的焊接接头。为了保护焊缝，提高焊接质量，需要采用气体保护电弧焊。

气体保护电弧焊是利用二氧化碳、氩气等不活泼气体作为保护介质，将高温熔焊区与周围空气隔绝开来，防止空气中的活泼气体对焊缝金属产生不良影响。工业上常用的气体保护焊有氩弧焊和二氧化碳气体保护焊。

1. 氩弧焊

氩弧焊是以氩气为保护气体的电弧焊。按照电极结构不同，氩弧焊可分为熔化极氩弧焊和非熔化极氩弧焊两种。熔化极氩弧焊如图 4-20（a）所示，采用由送丝轮机构连续送进的金属焊丝作为一个电极引弧，焊接时金属焊丝不断熔化滴入焊接熔池填充焊缝，成为焊缝的组成部分；非熔化极氩弧焊如图 4-20（b）所示，它采用钨棒作为一个电极引弧，由于钨的熔点极高，焊接时钨棒电极不熔化，借助电弧的高热使被焊接工件材料局部融化，相互融合形成焊缝。如果焊缝较大，非熔化极氩弧焊在焊接时也可以另加填充焊丝，补充焊缝。

图 4-20　氩弧焊示意图
（a）熔化极氩弧焊；（b）非熔化极氩弧焊

氩气属于惰性气体，它既不与金属起化学反应，也不溶于液态金属。在氩弧焊焊接时，氩气包围着电弧和焊接熔池，使电弧稳定地燃烧，因此热量集中，工件变形小，焊缝致密，表面无熔渣，成型美观，焊接质量高。氩弧焊适合焊接所有钢材、有色金属及其合金，但因氩气的制备费用较高，氩弧焊设备也比较复杂，目前主要用于铝、镁、钛和稀有金属材料的焊接，以及合金钢、模具钢、不锈钢的焊接。

2. 二氧化碳气体保护焊

二氧化碳气体保护焊简称 CO_2 保护焊，是利用 CO_2 作为保护气体的一种电弧焊方法。CO_2 保护焊属于熔化极焊接方式，它的工作原理如图 4-21 所示。

与手工电弧焊相比较，CO_2 气体保护焊对熔池的保护效果好，焊接变形小，焊缝的质量比较理想，不需清渣，生产效率较高，既可以焊接低碳钢和低合金钢，也很适合焊接高合金钢，特别适合于焊接薄板类零件。CO_2气体的价格低廉，生产成本适中。但是CO_2在高温条件下可分解出氧原子，使电弧气氛具有强烈的氧化性，容易氧化烧损焊缝金属中的碳、硅、锰等有益元素和出现气孔，因此必须使用含锰、硅等脱氧元素较多的金属焊丝。此外，当使用较大电流焊接时，CO_2气体保护焊的金属飞溅较严重，焊缝表面成形不够美观，需要使用直流电源。CO_2气体保护焊所使用的焊接设备如图 4-22 所示。

图 4-21　CO_2气体保护焊原理

4.4.2　电阻焊

电阻焊又称接触焊，它是利用电流通过焊件接头的接触面及邻近区域产生的电阻热，将焊件加热到塑性状态或局部熔融状态，再在压力作用下形成牢固接头的一种压力焊接方法。电阻焊的基本形式如图 4-23 所示，有点焊、缝焊和对焊三种。

图 4-22　CO_2气体保护焊的设备

电阻焊具有操作简单，焊缝质量好，生产效率高，不需要填充金属，焊接变形小，生产成本低，易于实现机械化和自动化作业等一系列优点。电阻焊焊接时的焊接电压很低（几

（a）　　　　　　　（b）　　　　　　　（c）

图 4-23　电阻焊的三种基本形式

（a）点焊；（b）缝焊；（c）对焊

伏至十几伏），但焊接电流很大（几千安至几万安），故要求电源功率较大。电阻焊通常适用于成批、大量生产方式。

1. 点焊

点焊主要用于薄板壳体和厚度较薄的钢板构件搭接。点焊使用的设备称为点焊机，点焊机的工作原理如图 4-24 所示：焊接时，先将被焊工件放到圆柱形紫铜上、下电极之间，用脚踩住踏板对工件预加压；接通低压大电流，在极短时间内因大电流短路使被焊工件触点附近加热到熔融状态，然后立即断电；断电后，圆柱形紫铜上、下电极之间继续保持加压，工件在压力作用下互相贴紧融合并冷却、凝固，形成一个组织致密的焊点。重复上述操作，即可得到所需的焊接效果。点焊机较长时间工作时，为了防止点焊机的变压器、紫铜电极、电极臂等零部件过度发热，通常可以采用循环水进行冷却。

图 4-24　点焊机的工作原理

2. 对焊

根据焊接过程的不同，对焊可分为电阻对焊和闪光对焊两种。

1）电阻对焊　电阻对焊机的工作原理如图 4-25 所示，由变压器、夹钳、加压机构、机架等部件组成。电阻对焊时，将两被焊工件的端面修整光洁后，牢固夹持在对焊机的固定夹钳和活动夹钳内；借助于加压机构施加预压力，使两被焊工件的端面相互压紧；通电加热升温，使接头附近红热到呈黄白色半熔融状态时断电，同时继续施加较大的压力 F，使两被焊工件的端面接触处产生塑性变形，融合于一体形成牢固的接头。电阻对焊常用于焊接直径小于 $\phi20$ mm 的圆钢和强度要求不高的工件。

电阻对焊的操作简便，接头质量较好，但焊接之前对于被焊工件端面的清洁度要求高，否则工件端面的杂质和氧化物在焊接过程中很难排除，容易造成焊接接头夹渣或未焊透等缺陷。

图 4-25　电阻对焊机的工作原理

2）闪光对焊　闪光对焊是将两被焊工件牢固装夹在夹钳内，先通电，然后逐渐移动工件使接头相互接触；由于两端面不够平整，开始时仅有几个点接触，电流经少数接触点流过时的电流密度很大，接触点被迅速地加热到熔化甚至汽化状态，在电磁力的作用下发生爆裂，火花向四周溅射产生闪光现象；继续移动工件，新接触点的闪光过程连续产生；如此反复使工件整个端面被加热到熔化时，迅速加压、断电，再继续加压，就能焊接成功。

闪光对焊对被焊工件端面的预加工和清洁度要求不太高，被焊工件端面的残留杂质和氧化物在闪光对焊过程中会随着溅射火花被带出或被液态金属挤出，焊接接头的质量很好，应用比较普遍。闪光对焊的缺点是金属损耗较多。

4.4.3　钎焊

钎焊是利用熔点比母材低的填充金属（称为钎料）熔化后填充到被焊接件的焊缝之中，并使之连接起来的一种焊接方法。钎焊的特点是焊接过程中钎料熔化填充焊缝，而被焊件只加热到高温而不熔化。

按钎料的熔点不同，钎焊可分为硬钎焊和软钎焊两种。

1. 硬钎焊

钎料熔点高于 450 ℃的钎焊，称为硬钎焊。硬钎焊常用的钎料有铜基钎料和银基钎料等。硬钎焊的焊接接头强度较高，适用于钎焊受力较大、工作温度较高的焊件。

2. 软钎焊

钎料熔点在 450 ℃以下的钎焊，称为软钎焊。软钎焊常用的钎料是锡铅钎料。软钎焊的接头强度低，主要用于钎焊受力不大、工作温度较低的焊件。

钎焊时一般需要使用助焊剂。助焊剂能去除钎料和母材表面的氧化物，保护母材连接表面和钎料在钎焊过程中不被氧化，并改善钎料的浸润性（钎焊时液态钎料对母材的浸润和附着能力）。硬钎焊常用的助焊剂有：硼砂、硼砂与硼酸的混合物等；软钎焊常用的助焊剂有：松香、氯化锌溶液等。

按钎焊过程中加热方式的不同，钎焊可分为：烙铁钎焊、火焰钎焊、电阻钎焊、感应钎焊、炉中钎焊等。

　　钎焊与熔焊相比，钎焊的加热温度低，接头的金属组织和性能变化小，焊接变形也小，焊件的尺寸容易保证。钎焊可以连接同种金属或异种金属，也可以连接金属和非金属。钎焊还可以连接一些其他焊接方法难以进行连接的复杂结构，且生产率较高。但钎焊接头的强度较低，接头耐热能力较差，钎焊前的准备工作要求较高。钎焊主要用于电子工业、仪表制造工业、航天航空和机电制造工业等领域。

4.5　焊接实习安全技术

4.5.1　电焊工安全技术

　　（1）防止触电：开始工作前应检查电焊机是否接地，电缆、焊钳的绝缘是否完好；电焊时应穿绝缘胶鞋，或站在绝缘地板上操作。

　　（2）防止弧光伤害和烫伤：电弧发射出大量紫外线和红外线，对人体有害。操作时必须戴电焊手套和电焊面罩，穿好套袜等防护用品。特别要防止电焊的弧光直接照射眼睛。刚焊完的工件需用手钳夹持。敲击焊渣时应注意焊渣飞出的方向，以防伤人。

　　（3）保证设备安全：不得将焊钳放在工作台上，以免短路烧坏电焊机；发现电焊机或线路发热烫手时，应立即停止工作；操作完毕和检查电焊机及电路系统时，必须拉闸停电。

4.5.2　气焊、气割工安全技术

　　（1）氧气瓶不得撞击，不得高温暴晒，不得沾上油脂或其他易燃物品。乙炔气瓶必须竖立放稳，严禁卧放使用。氧气瓶和乙炔气瓶附近严禁烟火，并需隔开一定距离放置。

　　（2）气焊、气割前应检查氧气和乙炔气的导管接头处是否漏气，应检查焊炬和割炬的气路是否通畅、射吸能力及气密性等技术要求。

　　（3）气焊、气割时应注意不要把火焰喷射到人体身上和胶皮管上。

　　（4）刚刚气焊好或气割好的工件不要用手触及，以防烫伤。

　　（5）气焊、气割操作完毕，应及时关闭各气源气阀，清理现场。

复习思考题

一、填空题

　　（1）焊接属于一种_____的连接，通过焊接可以将型材、冲压件、锻件拼焊成组合体结构，用于制造大型零件毛坯。

　　（2）手工电弧焊是利用_____所产生的高热量，将焊条和被焊金属局部加热至熔化，经冷凝后完成焊接的。

　　（3）直流电焊机在工作时有正接法和反接法两种接线方法：正接法为工件接正极、焊条接负极，采用正接法时_____的温度较高，常用于焊接黑色金属。

　　（4）手工电弧焊的电焊条由_____和_____两部分组成。

　　（5）按被焊接零件的材料不同，电焊条有_____焊条、_____焊条、_____焊条、_____焊条、_____焊条、_____焊条等。

（6）焊接接头型式有_____接、_____接、_____接和_____接等多种。

（7）当被焊件厚度大于 6 mm 时，为了保证焊透，必须预先开出_____。

（8）按照焊缝的操作位置不同，焊接可分为_____、_____、横焊、仰焊四种。

（9）手工电弧焊的焊接电流大小，可参考工件厚度，按电焊条的_____选取。

（10）手工电弧焊的基本操作，主要包括"_____"和"_____"。

（11）调节氧气和乙炔的混合比例，可以得到三种不同形态的火焰，即_____焰、_____焰和_____焰，它们对焊缝质量有十分重要的影响。

（12）工业上常用的气体保护焊有_____焊和_____气体保护焊两种。

（13）电阻焊的基本形式有_____焊、_____焊和_____焊三种。

（14）按钎料的熔点不同，钎焊可分为_____焊和_____焊两种。

二、讨论题（可采用口试方式进行考核）

（1）分别说明氧气焊接和氧气切割的工作原理，试比较两者之间的异同。

（2）焊接与其他金属连接方法相比，有哪些特点？

（3）焊条药皮有什么作用？在焊接过程中引起电弧不稳定的因素有哪些？如何解决？

（4）焊接最基本的接头形式有哪些？焊接坡口的作用是什么？

（5）如何选择焊条直径和焊接电流？试分析焊条直径过小而焊接电流过大，或者焊条直径过大而焊接电流过小时，对焊接过程分别有什么影响？

（6）气焊火焰有哪几种，如何区别？黄铜气焊时应选择何种火焰？为什么？

（7）常见的手工电弧焊焊接缺陷有哪些？产生的原因各是什么？

（8）试说明气焊点火操作的正确顺序是什么。

（9）试说明氩弧焊、CO_2 气体保护焊、压力焊、钎焊各有什么特点。

第二篇　金属切削加工方法

第⑤章

切削加工基础知识

学习完本章，应该掌握如下内容：

◆ 了解切削加工时的表面成形方法原理及分类，了解切削加工过程中的切削运动及切削用量三要素。

◆ 掌握切削加工对刀具材料及刀具几何角度的要求，掌握常用刀具材料的使用范围。

◆ 掌握常用计量器具的构造原理、读数方法和正确使用知识。

5.1 概　　述

采用铸造、锻造、冲压、焊接等成型方法生产所得的零件毛坯，因为尺寸、形状、表面结构等要素的精度不高，很少能在机器上直接使用，大多数都要经过后续切削加工，才能用于机器装配。

切削加工是利用切削刀具，从零件毛坯上切除多余金属材料，以获得完全符合图样要求的机器零件的加工方法。切削加工通常在常温下进行，切削加工过程中不需要进行加热，因此切削加工也称为冷加工。

切削加工的工作内容可分为钳工和机械加工两大部分。

钳工是指工人操纵手持工具对零件进行切削加工的方法，其主要工作内容有：划线、錾削、锯割、锉削、刮削、研磨、钻孔、扩孔、铰孔、攻螺纹、套螺纹、机械装配、修理等。钳工使用的工具简单，操作方便灵活，可完成机械加工不便完成的多项工作内容，是机械制造、装配、修理工作中不可缺少的重要工种。

机械加工是指工人操纵机床对零件进行切削加工的方法，切削加工的工作内容如图5-1所示，主要有：车削、钻削、镗削、铣削、刨削、磨削等，同理，机械加工使用的机床也相应被称为车床、钻床、镗床、铣床、刨床、磨床等。

图 5-1　切削加工的主要方式

（a）车削；（b）钻削；（c）铣削；（d）刨销；（e）磨削

5.2　切削加工表面成型

5.2.1　零件表面的构成

机械零件的形状复杂多种多样，但任何形状的表面都可视为由简单几何表面组合而成。这些简单几何表面包括：圆柱面、圆锥面、鞍形面、平面、球面、螺旋面、圆环面、成形曲面等，由这些简单几何表面进行叠加、切割，就可以构成各种形状的零件。

5.2.2　零件表面的成型方法

任何零件表面，都可视为由一条线（母线）沿另一条线（导线）运动而形成。例如图5-2中，平面由一条直线（母线）沿另一条直线（导线）运动而成；圆柱面由一条直线（母线）沿一个圆（导线）运动而成；螺纹面由一条折线（母线）沿一条螺旋线（导线）运动而成；齿轮表面由渐开线（母线）沿直线（导线）运动而成。这些母线和导线统称为发生线，可见，发生线是形成零件表面的几何要素，这类表面称之为线性表面。如果母线和导线的相对位置不同，所形成的表面也不相同。

图 5-2　常见的简单几何表面

（a）圆柱面；（b）圆锥面；（c）回转双曲面；（d）平面；

（e）螺旋面；（f）成形曲面

5.2.3 发生线的形成方法

在金属切削加工中，发生线是由工件与刀具之间的相对运动和刀具切削刃的形状共同形成。如果切削刃的形状不同，则工件和刀具之间的相对运动也不相同。发生线的形成方法如图 5-3 所示，有：轨迹法、成形法、相切法、展成法四种。

图 5-3 发生线的四种形成方法
（a）轨迹法；（b）成形法；（c）相切法；（d）展成法

5.3 切削运动及机床传动原理

5.3.1 切削运动

切削加工时所必需的刀具与工件之间的相对运动，称为切削运动。

根据在切削过程中所起作用的不同，切削运动可分为主运动和进给运动。

1. 主运动

主运动是提供主要切削功能的运动。主运动的特点是在切削过程中消耗功率最大，运动的速度最高。例如：车削时的工件旋转、铣削时的铣刀旋转、磨削时的砂轮旋转、钻削时的钻头旋转、牛头刨床刨削时的刨刀往复直线运动，都是主运动。

2. 进给运动

进给运动是使切削加工得以继续进行的运动。如果没有进给运动，切削加工就不可能连续进行。进给运动的特点是：在切削过程中速度较低、消耗功率较小。各类机床在切削加工过程中的走刀运动，如车刀、钻头、工件的平移等，都是进给运动。

各种加工方法机械加工时的切削运动，如图5-4所示。

图 5-4　机械加工时的切削运动

(a) 车削；(b) 铣削；(c) 刨削；(d) 钻削；(e) 外圆磨削；(f) 平面磨削

5.3.2　机床传动原理

1. 机床应具备的运动

在金属切削机床上加工零件时，为了形成发生线和提供所需的切削运动，机床需要具备各种运动功能，这些运动功能可划分为：表面成形运动、切入运动、分度运动、辅助运动、操纵及控制运动、校正运动等。

2. 机床传动原理

1）机床运动部件　机床运动部件包括三个基本部分：执行件、运动源、传动装置。执行件是机床运动的执行部件，如机床主轴、刀架等，其作用是带动工件和刀具运转，使之完成确定的运动并保持所需的运动轨迹。运动源是机床运动的来源，也是机床的动力部分，如交流电动机、伺服电动机、步进电动机等。传动装置是传递运动和动力的装置，它在运动源和执行件之间建立起运动联系，把运动源的运动和动力传递给执行件，并完成运动形式、运动方向、运动量的转换等工作。

2）机械传动副　常用的机械传动副如图5-5所示，主要有：齿轮传动、V 带传动、蜗杆蜗轮传动、齿轮齿条传动、丝杠螺母传动等。机械传动副可以组成两类传动机构：一类称为定比传动机构，如定比齿轮副、丝杠螺母副，蜗轮蜗杆副等，它们的特点是该传动机构的传动比和传动方向均固定不变；另一类称为换置机构，如挂轮变速机构、滑移齿轮变速机构、离合器变速换向机构等，它们的特点是该传动机构的传动比和传动方向可以变换。

3）传动链　按一定规律排列的一系列传动装置将机床的运动源与执行件连接起来，构成传动链。两末端件之间的传动比要求不十分严格的传动链，称为外联系传动链；两末端件之间的传动比要求十分严格的传动链，称为内联系传动链。在外联系传动链中允许使用带传

图 5-5　常用的传动副

（a）齿轮传动；（b）V 带传动；（c）蜗杆蜗轮传动；（d）齿轮齿条传动；（e）丝杠螺母传动

动、摩擦传动等传动机构；在内联系传动链中不允许使用带传动、摩擦传动等传动机构。

4）传动原理图　为了便于研究机床的传动联系，常用一些简单的符号把机床的传动原理和传动路线表示出来，这就是传动原理图。图 5-6 所示为卧式铣床铣平面和卧式车床车螺纹时的传动原理图。

图 5-6　传动原理图

（a）铣平面；（b）车螺纹

5）传动件的符号　为了便于绘制和识读机床传动系统图，国家标准规定使用一些示意性的符号来代表各种传动件，如表 5-1 所示。借助这些符号的组合，可以表明机床的传动系统及传动路线。

表 5-1　传动系统图中的常用符号

名　称	符　号	名　称	符　号	名　称	符　号
电动机		零件与轴活动连接		齿轮传动	

续表

名称	符号	名称	符号	名称	符号
轴		零件与轴导键连接		锥齿轮传动	
滑动轴承		零件与轴固定键连接		蜗杆蜗轮传动	
深沟球轴承		零件与轴花键连接		齿轮齿条传动	
推力轴承		牙嵌式离合器		整体螺母传动	
圆锥滚子轴承		V带传动		开合螺母传动	

6）机床传动系统图　机床传动系统图是表示机床全部运动部件和全部运动关系的示意简图。它采用简单的规定符号表示各传动元件，在最能反映机床外形和各主要部件相互位置的投影面上，按传递运动的先后顺序以展开图形式绘制，因此机床传动系统图比传动原理图更逼真、更具体、更全面。在机床传动系统图上还标明了与运动有关的参数，如：电动机功率、转速、齿轮和蜗轮齿数、齿条模数、带轮直径、丝杠导程和头数等，以便于分析和计算。车床、铣床、磨床等机床的传动系统图，请参见本教材相应工种实习的章节。

5.4 加工表面及切削要素

5.4.1 零件加工中的表面

在切削加工过程中，被加工工件上存在三个变化着的表面，如图 5-7 所示。

1. 待加工表面

位于零件毛坯上，即将被切除的金属层的表面，称为待加工表面。

2. 已加工表面

已经切去多余金属层而形成的新表面，称为已加工表面。

3. 过渡表面（正在加工表面）

刀具主切削刃正在切削的表面，称为过渡表面。过渡表面是待加工表面与已加工表面之间的过渡部位，正在生成，转眼即逝，所以称为过渡表面，也称为正在加工表面。

5.4.2 切削用量

切削用量是切削速度、进给量和背吃刀量的总称，三者称为切削用量三要素。

1. 切削速度

切削速度是指主切削刃上选定点相对于零件待加工表面在主运动方向上的瞬时速度，用 v 表示。它是描述主运动的参数，法定单位为 m/s，但在生产中除磨削的切削速度单位用 m/s 外，其他切削速度单位习惯上用 m/min。

2. 进给量

进给量是指主运动在一个工作循环内，刀具与零件在进给运动方向上的相对位移量，用 f 表示。当主运动为旋转运动时，进给量的单位为 mm/r，称为每转进给量。当主运动为往复直线运动时，进给量的单位为 mm/str，称为每行程进给量。对于铰刀、铣刀等多齿刀具，进给量是指每齿进给量。

进给量越大，生产率一般越高，但是零件表面越粗糙，加工质量也越低。

3. 背吃刀量

背吃刀量一般是指零件待加工表面与已加工表面间的垂直距离，用 a_p 表示。背吃刀量增加，生产效率提高，但切削力也随之增加，故容易引起零件振动，使加工质量下降。

图 5-7 零件加工过程中的三个表面
1—待加工表面；2—过渡表面；
3—已加工表面

5.4.3 切削层几何参数

切削层是指切削加工时，零件上相邻两过渡表面之间的、即将被主切削刃切除的那部分材料。以图 5-7 为例，车刀正在切削加工的画有阴影线的部分即为切削层。切削层几何参数有三个：① 切削层宽度，是指沿主切削刃方向度量的切削层尺寸，用 a_w 表示；② 切削层厚度，是指相邻两加工表面间的垂直距离，用 a_c 表示；③ 切削层面积，是指切削层垂直于切削速度截面内的面积。由图 5-7 知，切削层面积等于切削层厚度 a_c 与切削层宽度 a_w 的乘积，也等于背吃刀量 a_p 与进给量 f 的乘积。

5.5 刀具材料及刀具角度

5.5.1 刀具材料

1. 刀具材料应具备的性能

刀具材料是指刀具切削部分的材料。为了获得理想切削效果，刀具材料的硬度必须高于零件硬度，通常刀具的硬度应在 60 HRC 以上。在切削过程中，刀具切削部分在较大的切削力、较高的切削温度以及剧烈摩擦条件下工作；当切削余量不均匀或断续表面切削时，刀具还会受到很大的冲击与振动。因此，刀具切削部分的材料必须同时具备下列性能。

（1）高硬度和高耐磨性；

（2）足够的强度和韧性；

（3）红硬性与化学稳定性；

（4）良好的工艺性和经济性。

2. 刀具材料的种类、性能与应用

切削刀具的材料有碳素工具钢、合金工具钢、高速钢、硬质合金、涂层刀具、陶瓷刀具、立方氮化硼刀具、人造金刚石刀具等，目前以高速钢刀具和硬质合金刀具的使用最为普遍。常用刀具材料的主要性能和用途见表5-2。

表5-2　常用刀具材料的主要性能和用途

种类	硬度 HRC	红硬温度 /℃	抗弯强度 /10^3MPa	工艺性能	常用牌号		用途
碳素 工具钢	60～64	200	2.5～2.8	可冷热加工成形，切削加工和热处理性能好	T8A T10A T12A		仅用于少数手动刀具，如锉刀、手用锯条等
合金 工具钢	60～65	250～300	2.5～2.8	同上	9SiCr CrWMn		用于低速刀具，如锉刀、丝锥、板牙等
高速钢	62～67	550～600	2.5～4.5	同上	W18Cr4V W6Mo5Cr4V2		用于形状复杂的机动刀具，如钻头、铰刀、铣刀、齿轮刀具等
硬质 合金	74～82	850～ 1 000	0.9～2.5	不能被切削加工，只能粉末压制烧结成型，磨削后即可使用。不能热处理	钨钴类	YG3 YG6 YG8	一般做成刀片镶嵌在刀体上使用，如车刀、刨刀的刀头等。钨钴类用于加工铸铁、有色金属与非金属材料。钨钛钴类用于加工钢件，钨钛钽（铌）类既适用于加工脆性材料又适用于加工塑性材料
					钨钛 钴类	YT5 YT15 YT30	
					钨钛钽 （铌）类	YW1 YW2	

3. 刀具磨损与切削液使用

在切削过程中，刀具、工件、切屑之间的强烈摩擦和挤压作用，使刀具处在高温高压的工作条件下，切削刃逐渐变钝以致正常的切削能力下降。随着刀具磨损会使切削力增大，切削温度升高，切削时产生振动，最终使零件表面质量降低，并导致刀具急剧磨损或烧坏。刀具的过早磨损会直接影响生产效率、加工质量和加工成本。因此在生产中，常常根据切削过程中出现的异常现象，来大致判断刀具是否已经磨钝；对于已经磨钝不能正常使用的刀具，需要及时更换和刃磨。

减少刀具磨损的有效措施之一是使用切削液。在切削过程中，切削液的作用有五种：冷却、润滑、清洗、排屑、防锈。生产中常用的切削液有水基、油基两种，水基切削液的冷却、清洗作用明显，油基切削液的润滑、防锈能力较强。据统计，正确使用切削液可使切削速度提高30%左右，可使刀具耐用度延长4~5倍，还可以减小工件变形，明显提高加工精度、已加工表面质量和生产效率。

采用硬质合金刀具加工零件时，因硬质合金的红热性好，因此通常可以不用切削液；如确有必要使用切削液时，则必须连续大量地使用，以防止硬质合金刀具因冷热不均匀而产生裂纹甚至破裂。

加工铸铁零件时，因铸铁中的石墨具有润滑作用，因此一般也不使用切削液，以利于对机床的清理和维护。但如果在铸铁上钻孔、铰孔或攻螺纹时，由于钻头、铰刀、丝锥都属于高速钢刀具，为了提高刀具耐用度和确保加工表面的质量，常常采用煤油切削液。

5.5.2 刀具的几何角度

在各种切削刀具中，车刀是最为简单的单刃刀具，因此从车刀入手进行刀具切削角度的研究。

车刀的主要角度

车刀由刀头和刀杆两部分组成。刀头是车刀的切削部分，通常采用切削性能良好的刀具材料制造；刀杆是车刀的夹持部分，通常采用45钢制造。

1）车刀切削部分的组成　车刀的切削部分如图5-8所示，由三面、二刃、一尖组成。

前刀面——刀具上切屑流过的表面；

主后刀面——与零件过渡表面相对的表面；

副后刀面——与零件已加工表面相对的表面；

主切削刃——前刀面与主后刀面相交的切削刃，它承担着主要的切削任务；

副切削刃——前刀面与副后刀面相交的切削刃，它承担着一定的切削任务；

刀尖——主切削刃与副切削刃的交接处。为了强化刀尖，常将其磨成小圆弧形。

图5-8　车刀的组成
1—刀头；2—刀杆；3—主切削刃；
4—主后刀面；5—副后刀面；6—刀尖；
7—副切削刃；8—前刀面

2）车刀切削部分的主要角度

（1）测量车刀切削角度的辅助平面　为了确定和测量车刀的几何角度，需要选取三个辅助平面作为基准，这三个辅助平面是切削平面 p_s、基面 p_r 和正交平面 p_o，它们两两相互垂直正交，构成一个空间直角坐标系，如图5-9所示。

基面 p_r——基面是过主切削刃某一选定点，并平行于刀杆底面的平面；

切削平面 p_s——切削平面是与主切削刃相切，并垂直于刀杆底平面的平面；

正交平面 p_o——正交平面又称主剖面，是垂直于切削平面同时又垂直于基面的平面。

（2）车刀的主要角度　车刀的主要角度如图 5-10 所示。

图 5-9　测量车刀角度的辅助平面

图 5-10　车刀的主要角度

前角 γ_o——前角是前刀面与基面之间的夹角，在正交平面内测量。当刀具的前刀面位于基面之下时，前角为正；刀具的前刀面位于基面之上时，前角为负。前角主要影响切屑的变形程度和切削力的大小。

后角 α_o——后角是主后刀面与切削平面之间的夹角，在正交平面内测量。后角不能为零，更不能为负，否则无法进行切削加工。后角主要影响刀具主切削刃的强度。

主偏角 κ_r——主偏角是主切削刃的基面投影与刀具进给方向之间的夹角，在基面内测量。主偏角主要影响切削层厚度与切削力的分解。

副偏角 κ'_r——副偏角是副切削刃的基面投影与刀具进给运动反方向之间的夹角，在基面内测量。副偏角主要影响已加工表面的粗糙度，副偏角一般为较小的正值。

刃倾角 λ_s——刃倾角是主切削刃与基面之间的夹角，在切削平面内测量。刃倾角对刀尖的强度有影响，在切削过程中还能有效控制切屑流出的方向：当刀尖位于主切削刃上最高点时，刃倾角为正，加工过程中排出的切屑全部流向待加工表面，精加工刀具常采用正刃倾角，以求切削轻快和被加工表面光洁；当刀尖位于主切削刃上最低点时，刃倾角为负，加工过程中排出的切屑全部流向已加工表面，粗加工刀具常采用负刃倾角，以求保护主切削刃和刀尖。刃倾角符号正、负的规定如图 5-11 所示。

图 5-11　刃倾角的符号

5.6　常用量具使用方法

零件在加工过程中，需要使用量具进行检测。生产中常用的量具有卡钳、三用游标卡尺、高度游标卡尺、深度游标卡尺、千分尺、百分表、量规、万能角度尺、塞尺、刀口尺等。

5.6.1 卡钳

卡钳是一种间接量具,使用时必须与钢尺或其他刻线量具配合使用。图 5-12 为用外卡钳测量轴径的方法。图 5-13 为用内卡钳测量孔径的方法。

图 5-12 用外卡钳测量   图 5-13 用内卡钳测量

5.6.2 三用游标卡尺

三用游标卡尺的外形如图 5-14 所示,它是一种比较精密的量具,可直接测量工件的外径、内径、宽度、深度等尺寸。

图 5-14 三用游标卡尺

1—固定量爪;2—制动螺钉;3—游标;4—主尺尺身;5—可动量爪;6—副尺游标

1. 刻线原理

以精度等级为 0.02 mm 的三用游标卡尺为例,游标卡尺的刻线原理如图 5-15 (a) 所示:在主尺尺身上每隔 1 mm 间距刻一条线;在副尺游标上 49 mm 范围内均匀等分刻 50 条线,其刻线间距为 0.98 mm,可见主尺刻线与副尺刻线的差值为每格相差 0.02 mm,它代表着游标卡尺的测量精度。

图 5-15　游标卡尺读数方法示例

(a) 刻线原理；(b) 读数方法示例

2. 读数方法

游标卡尺的读数方法如图 5-15（b）所示。读数时，先找出副尺游标"零刻线"左方最近的主尺尺身刻线，这就是被测量对象的整数毫米值；然后仔细观察找出游标上与尺身上相互对齐重合的刻线，将该刻线在游标上的序号乘以测量精度 0.02 mm，所得值即为被测量对象的小数值；最后将二者相加，就得到了所需要测量的被测工件尺寸。按上述读数方法，图 5-15（b）所示的尺寸应为 23.22 mm。

三用游标卡尺的正确使用方法，参见图 5-16 所示。

图 5-16　三用游标卡尺的使用方法

(a) 测量外尺寸；(b) 测量内尺寸；(c) 测量深度尺寸

5.6.3　深度游标尺和高度游标尺

深度游标尺主要用于测量盲孔、凹槽、阶梯孔的深度，以及台阶的高度等尺寸。高度游标尺配上所需的专用量爪，主要用于精密划线和测量高度尺寸。二者的读数方法，与三用游标卡尺完全相同，它们的使用方法，如图 5-17 和图 5-18 所示。

图 5-17　深度游标尺的使用方法

图 5-18　高度游标尺的使用方法

(a) 结构；(b) 划线示例

1—底座；2—尺身；3—紧固螺钉；4—尺框；

5—微动装置；6—划线爪；7—测量尺

5.6.4　千分尺

千分尺又称百分尺、分厘卡尺、螺旋测微器等，它是比游标卡尺更为精密的量具。

千分尺的结构原理与读数方法如图 5-19 所示。在可以绕轴线旋转的微分筒左端锥形圆周上，均匀等分刻有 50 条刻线；因测微螺杆的导程为 0.5 mm，故微分筒上每一小格的读数为 0.01 mm；在固定套筒的圆柱表面上刻有一条纵向中线，中线的上方、下方各刻有一排间距均为 1 mm 的等分刻线，但上下两排刻线相互错开 0.5 mm。测量时先校对零点；然后在固定套筒上读出大数部分（应为 0.5 mm 的整倍数）；再在微分筒上读出小数部分；最后将两部分相加，即为测量所得的被测工件尺寸。图 5-19（b）所示的尺寸应为 7.35 mm。

图 5-19　千分尺的结构与读数方法

（a）结构；（b）读数

1—砧座；2—测微螺杆；3—棘轮；4—微分筒；5—固定套筒

千分尺的正确使用方法是：校对零位后，左手握持千分尺尺架的弓形隔热板，右手拇指和食指缓慢地旋转微分筒；当千分尺的两测量面与被测面快接触时，改为缓慢地旋转棘轮测力装置；待发出"咔咔"声时，即可开始读数。值得提醒的是，读数时应提防错读 0.5 mm。

为了减小测量误差，在同一表面处可多测几次，取重复次数较多的读数作为测量尺寸。

5.6.5　百分表

百分表是一种按比较法原理进行测量的精密量具，它只能测出相对数值，不能测出绝对数值。以精度等级为 0.01 mm 的百分表为例，百分表的读数原理如图 5-20 所示。当测杆向上（或向下）移动 0.01 mm 时，长指针沿顺时针（或逆时针）方向转过一小格，表示测杆移动 0.01 mm；当长指针转过一圈（100 小格）时，小指针刚好转过一格，表示测杆移动 1 mm。将两个指针转过的读数相加，则为测量所得的被测工件尺寸值。百分表的正确使用方法如图 5-21 所示，测头应垂直于被测工件表面，使用时应避免碰撞冲击。

图 5-20 百分表

1—表盘；2—转数指示盘；3—测杆；

4—测量头；5—指针

图 5-21 百分表的正确使用方法

5.6.6 极限量规

光滑极限量规用于检验光滑圆柱形的孔、轴直径尺寸。检验孔径的极限量规称为塞规，检验轴径的极限量规称为卡规。塞规和卡规都由通端和止端组成。塞规的通端控制孔的最小极限尺寸，止端用以控制孔的最大极限尺寸；卡规的通端控制轴的最大极限尺寸，止端控制轴的最小极限尺寸。

用量规检验时，若通端能够通过而止端不能通过，则表示被检测尺寸合格；若通端、止端都不能通过，则表示被检测的尺寸不合格，需要返修；若通端、止端都能通过时，则表示被检测的尺寸不合格且无法返修，零件报废。

极限量规正确的使用方法是：塞规测量时应顺着孔的中心线插入孔内，插入后不许转动塞规，不可用通端硬塞、硬卡；卡规的测量面应平行于轴心线，不得歪斜。塞规和卡规的使用方法，如图 5-22 所示。

图 5-22 塞规和卡规的使用方法

（a）塞规的使用；（b）卡规的使用

5.6.7 90°角尺和塞尺

1. 90°角尺

90°角尺如图 5-23 所示，它是采用光隙法检验被测工件垂直度的一种精密量具。检测工件时，先将 90°角尺的一边与工件的一面贴紧，观察角尺的另一边与工件之间露出的缝隙，借助于塞尺，即可测量出被测工件的垂直度误差。

2. 塞尺

塞尺是用于测量微小间隙的薄片量尺，它由一组厚度不等的薄钢片组成，在每一块薄钢片量尺上都印有各自的厚度标记，如图 5-24 所示。

图 5-23 90°角尺   图 5-24 塞尺

塞尺测量时，先擦拭干净尺面和工件；再根据被测间隙的大小，合理选择几块薄片量尺组合起来；重叠后，小心插入被测间隙进行测量。例如，若某被测间隙能插入 0.12 mm 的量尺组，换用 0.13 mm 的量尺组则插不进去，说明该被测间隙在 0.12 ~ 0.13 mm 之间。

为了减少测量误差，用塞尺测量时所组合的尺片数越少越好，且应注意插入时用力不能太大，以免折弯和损坏尺片。

3. 刀口尺

刀口尺也是采用光隙法检验被测工件直线度或平面度的一种精密量尺，如图 5-25 所示。检测工件时，可以根据刀口尺与被测平面之间的光隙判断误差情况，也可借助于塞尺来测量缝隙的大小。

平   凹   凸

图 5-25 刀口尺的应用

复习思考题

一、填空题

(1) 切削用量三要素是_____、_____和_____的总称。

(2) 任何零件表面，都可视为由一条线（母线）沿另一条线（导线）运动而形成。这些母线和导线统称为_____线，这类表面称之为_____表面。

(3) 零件在机床（或夹具）上的安装一般需要经过_____和_____两个过程。

(4) 常用刀具材料，以_____刀具和_____刀具的使用最为普遍。

(5) 调整车床包括两项工作：选择主轴_____和选择车刀的_____。

(6) 车削加工工艺是指合理正确的_____，它是重要的技术文件。

(7) 切削加工时所必需的刀具与工件之间的相对运动，称为切削运动。根据在切削过程中所起作用的不同，切削运动可分为_____运动和_____运动。

(8) 机床运动部件包括三个基本部分：_____、_____、_____。

(9) 按一定规律排列的一系列传动装置将机床的运动源与执行件连接起来，构成传动链。两末端件之间的传动比要求不十分严格的传动链，称为_____传动链；两末端件之间的传动比要求十分严格的传动链，称为_____传动链。内联系传动链中不允许使用带传动、摩擦传动等传动机构。

(10) 刀具材料必须同时具备下列性能。(1) 较高的_____、(2) 足够的_____、(3) 高的_____、(4) 良好的_____。

二、讨论题（可采用口试方式进行考核）

(1) 机械加工的主运动和进给运动指的是什么？在某机床的多个运动中，如何判断哪个是主运动？试举例说明。

(2) 什么是切削用量三要素？试用简图表示刨平面时的切削用量三要素。

(3) 为什么说红硬性是衡量刀具材料性能的主要指标？既然硬质合金的耐热性远高于高速钢，但为什么不能完全取代高速钢？

(4) 游标卡尺和千分尺的测量准确度是多少？怎样正确使用？能否用来测量铸件毛坯？

(5) 在使用量具之前为什么要校对它的零点、零线或基准？应如何利用校对的结果来修正测得的读数？

(6) 机床上常用的机械传动副有哪几种？各举 1~2 个应用实例加以说明。

(7) 你在实习过程中所使用刀具的材料牌号是什么？它的使用性能情况如何？

(8) 你在实习过程中用过哪些切削液？它们各用在什么场合？

第6章

车削加工

学习完本章，应该掌握如下内容：
- ◆ 熟悉卧式车床的结构与传动原理，了解车削加工的工艺特点及加工范围。
- ◆ 了解不同零件的装夹特点，重点掌握外圆、端面、内孔的车削加工操作方法。
- ◆ 能正确选择合理的车削加工顺序，并能独立加工一般的简单零件。

6.1 概　　述

6.1.1 车削加工范围

车削加工是指工件旋转作主运动，车刀平移作进给运动的一种切削加工方法，它是金属切削加工的主要方法之一。在机械加工车间里，车床约占金属切削机床总数的 50% 左右，其中应用最普遍的是卧式普通车床。卧式普通车床的加工范围较广，能加工各种内、外回转表面以及端平面等，如图 6-1 所示。

图 6-1　卧式普通车床加工范围

(a) 车外圆；(b) 车端面；(c) 切槽；(d) 钻中心孔；(e) 车孔（镗孔）；(f) 钻孔；
(g) 铰孔；(h) 攻螺纹；(i) 车锥面；(j) 车成形面；(k) 滚花；(l) 车螺纹

6.1.2 车削加工特点

与其他切削加工方法比较，车削加工有如下特点。

（1）车削的适应范围广：它是加工不同材质、不同精度、各种回转表面零件不可缺少的切削加工工序。

（2）车削容易保证零件各加工表面的位置精度：例如在一次安装中加工零件的多个回转表面时，能可靠保证各加工表面之间的同轴度、平行度、垂直度等位置精度要求。

（3）车削的生产成本低：车削时使用的车刀是最简单的单刃刀具，其制造、刃磨和安装都很方便；车床的附件齐全，生产准备时间短，生产成本较低。

（4）生产效率较高：车削加工通常是等截面连续切削，因此切削力变化小，切削过程平稳，可选用较大的切削用量，生产效率较高。

车削加工能达到的尺寸精度为 IT8~IT7，表面粗糙度为 Ra 3.2~1.6 μm。对于不宜磨削的有色金属进行精车加工，可以获得更高的尺寸精度和更理想的表面粗糙度。

6.1.3 车削时的运动及切削表面

1. 车削时的运动

车削时的主运动为主轴卡头盘带动工件的转动，车削时的进给运动是拖板刀架带动车刀的移动，如图 6-2 所示。

2. 车削时的切削表面

如 5.4.1 所述，车削时的三个切削表面为：已加工表面、待加工表面与过渡表面，如图 6-2 所示。

3. 切削用量三要素

如 5.4.2 所述，车削时的切削速度 v、进给量 f 和背吃刀量 a_p，称为切削用量三要素，它们是影响工件加工质量和生产率的重要因素。

图 6-2　车削时的运动与切削表面

6.2 车　　床

6.2.1 车床的型号

为了表示机床的类型和主要规格，国家标准规定机床均用汉语拼音字母和数字按一定规则组合进行编号。车工实习中常用的车床型号为 C6132、C6136 等，其结构大致相似。

在 C6132 车床编号中，C 是"车"字汉语拼音的首字母，读作"车"；6 和 1 分别为机床的组别和系别代号，表示卧式车床；32 为主参数代号，表示最大车削直径的 1/10，即最大车削直径为 320 mm。

6.2.2 车床的组成

C6132 型卧式车床的外形如图 6-3 所示，其主要组成部分有：主轴箱、进给箱、变速箱、溜板箱、刀架、尾座、丝杠、光杠、床身、床腿等。

图 6-3 C6132 型卧式车床

6.2.3 车床的传动系统

C6132 型卧式车床的传动系统图如图 6-4 所示，经分析知，该车床传动系统由主运动传动链和进给运动传动链两部分组成，其中，主运动传动链的传动路线表达式为：

图 6-4 C6132 车床传动系统图

$$\text{电动机—I} \left\{ \begin{matrix} \frac{33}{22} \\ \frac{19}{34} \end{matrix} \right\} \text{—II} \left\{ \begin{matrix} \frac{34}{32} \\ \frac{28}{39} \\ \frac{22}{45} \end{matrix} \right\} \text{—III} \left\{ \begin{matrix} \phi176 \\ \phi200 \end{matrix} \right\} \text{—IV} \left\{ \begin{matrix} \frac{27}{63} \\ \frac{27}{27} \end{matrix} \right\} \text{—V} \frac{17}{58} \right\} \text{—VI（主轴）}$$

（1 440 r/min）

由传动路线表达式可以算出：主轴正转有 12 种转速，最高转速为 1 980 r/min，最低转速为 43 r/min，主轴反转也可获得 12 种反转转速，是通过电动机的反转来实现的。

根据 C6132 型卧式车床的传动系统图，可以画出其传动路线框图，如图6-5 所示。根据车床的传动系统图和传动路线框图，可以十分方便地分析 C6132 型卧式车床的传动系统结构和传动原理。

图 6-5　C6132 车床传动路线框图

6.3 车　刀

6.3.1 车刀的种类

车刀是一种单刃刀具，其种类很多，按用途可分为：外圆车刀、端面车刀、镗孔刀、切断刀等，如图 6-6 所示。

图 6-6　部分车刀的种类和用途

车刀按结构形式可分为整体式、焊接式、机夹式、可转位式四种，如图 6-7 所示：

图 6-7　车刀的结构形式
（a）整体式；（b）焊接式；（c）机夹式；（d）可转位式

（1）整体式车刀　车刀的切削部分与夹持部分材料相同，如高速钢整体式车刀即属此类，用于小型车床上加工零件，也可用于精车零件。

（2）焊接式车刀　车刀的切削部分与夹持部分材料不同，刀片焊接在中碳钢刀杆上，如硬质合金焊接式车刀即属此类，适用于各类车床，特别是中、小型车床的刀具。

（3）机夹式车刀　利用螺钉、压板、偏心轴、杠杆等机械装置，将硬质合金刀片夹持在刀杆上，成为机械夹固重磨式车刀。该车刀用钝后可集中重磨，避免了硬质合金刀片因焊接产生的应力、变形等缺陷，使用效果好；但刀片重磨时可能会磨伤刀杆，刀杆的消耗量较大。

（4）可转位式车刀　可转位式车刀是指机夹可转位不重磨式车刀，它使用标准化的可转位不重磨硬质合金刀片，刀具用钝后不需重新刃磨，只要将刀片转过某一角度之后重新装上夹紧即可再次使用。机夹可转位不重磨式车刀使用十分方便，刀杆利用率高，刀片无焊接产生的应力、变形等缺陷，使用效果好，特别适合在数控机床和自动生产线上使用。

6.3.2　车刀的安装

车刀安装的基本操作要求如下。

（1）刀尖应严格对准工件的回转中心，刀杆与工件轴线垂直，刀杆底面平放在方刀架上。

（2）刀头的伸出长度应小于刀杆厚度的 1.5～2 倍，以防切削时产生振动，影响加工质量。

（3）车刀垫片的数量不宜过多，以 1～3 片为宜，使用两个螺钉交替锁紧车刀。

（4）锁紧方刀架。

（5）装好零件和刀具后，应检查加工过程中是否会发生干涉、碰撞，并加以调整修正。

6.3.3　车刀的刃磨

刃磨车刀是在砂轮机上进行，刃磨高速钢刀具采用白色氧化铝砂轮，刃磨硬质合金刀具采用绿色碳化硅砂轮，方法如图 6-8 所示。车刀在砂轮机上刃磨之后，通常还要用油石进行手工研磨修光，以提高车刀的耐用度和提高被加工零件的表面质量。刃磨车刀时的注意事项如下。

（1）启动砂轮或磨刀时，人应站在砂轮的 45°侧面，防止砂轮意外破碎飞出伤人。

图 6-8 车刀的刃磨方法

(a) 磨前刀面；(b) 磨主后刀面；(c) 磨副后刀面；(d) 磨刀尖圆弧

（2）刃磨时，车刀应在砂轮圆周面上来回移动，使砂轮均匀磨耗不至于出现沟槽；不要在砂轮的两侧面用力刃磨车刀，以免砂轮受力偏摆、跳动，甚至破碎炸裂。

（3）刃磨高速钢车刀时如果刀头严重发热，可以整体放入水中冷却；但是刃磨硬质合金车刀时却只能将刀杆置于水中冷却，刀头绝对不能蘸水，以防硬质合金刀片产生裂纹。

6.4 工件安装与车床附件

6.4.1 工件安装要点

在车床上安装工件时，应使被加工表面的回转中心与车床主轴的轴线重合，以保证工件占有正确的加工位置，这就是"工件定位"；工件正确定位后还要可靠夹紧，以保证在加工全过程中工件的位置不因切削力、重力等的作用而产生变动。所以零件在机床（或夹具）上的安装一般需要经过定位和夹紧两个过程。按零件的形状、大小和加工批量不同，安装零件的方法及所使用的附件也不同。在普通车床上常用的车床附件有三爪自动定心卡盘、四爪单动卡盘、顶尖、跟刀架、中心架、心轴、花盘等，这些附件一般由专业厂家专门生产，并作为车床的随机附件配套供应。

6.4.2 卡盘

车床上使用的卡盘有两种：三爪自定心卡盘和四爪单动卡盘。

三爪自定心卡盘的构造如图 6-9 所示，它有可以同步联动的三个卡爪 3，当转动卡盘扳手使其中任意一个卡爪移动时，小锥齿轮 1 通过带有平面螺纹的大锥齿轮 2 带动其余两个卡爪同步移动，使三个卡爪始终位于与主轴同心的圆周上，故称为三爪自定心卡盘。当被夹持的工件直径较大时，可以将三个卡爪 3 换成三个反爪，用于轮盘类工件的装夹。三爪自定心卡盘在车床和磨床上得到了广泛应用。

四爪单动卡盘有四个卡爪，但卡爪之间不能联动，转动卡盘扳手每次只能移动一个卡爪，其余卡爪不能动作，更不可能自动定心，因此称为四爪单动卡盘。四爪单动卡盘装夹零件所花费的找正时间较长，要求工人的技术水平较高；但四爪单动卡盘的夹紧力大，适合装夹圆形、方形、长方形、椭圆形、内外圆偏心零件或其他形状不规则的零件，用于单件小批较复杂零件的生产。

四爪单动卡盘安装零件时，一般用划线盘按零件外圆或内孔进行找正，也可按事先划出

图6-9　三爪自定心卡盘构造

（a）外形；（b）反爪形式；（c）内部构造

1—小锥齿轮；2—大锥齿轮；3—卡爪

的加工界线用划线盘进行划线找正，当要求定位精度达到 0.01 mm 时还可用百分表找正，如图6-10所示。

图6-10　四爪单动卡盘及其找正

（a）四爪单动卡盘；（b）按划线找正；（c）用百分表找正

使用卡盘装夹工件时，应注意工件在卡爪间必须放正，夹持长度应大于 10 mm，零件紧固后应随即取下卡盘扳手，防止开车时飞出伤人或砸坏机床。

6.4.3　顶尖、跟刀架及中心架

对于加工工序较长的轴类工件，常在长轴的两端面上划线打中心孔，使用顶尖装夹。这种装夹方法的定位精度很高，即使是多次装卸与掉头，也能保证各圆柱面有较高的同轴度。此外，当车削加工细长轴（长度与直径之比大于20）时，由于工件的自身刚度不足，为了防止工件在切削力作用下产生弯曲变形而影响加工精度，除了用顶尖安装零件外，还常采用中心架或跟刀架作为附加的辅助支承。

1. 顶尖

车床使用的顶尖有死顶尖和活顶尖两种。通常情况下，车床的前顶尖采用死顶尖；车床的后顶尖较易磨损，在转速较高时采用活顶尖，在转速较低时采用死顶尖。

采用两顶尖安装工件的方法如图6-11所示。工件夹持在前、后顶尖之间，由拨盘带动鸡心夹头（卡箍），再由鸡心夹头带动工件旋转。工件安装之前，应擦净两端的中心孔锥面，涂少许润滑油；工件安装时转动尾座手轮，调节工件在顶尖间的松紧度，使之既能自由旋转、又无轴向松动，最后紧固尾座套筒。

图 6-11 采用两顶尖安装工件

图 6-12 跟刀架的使用方法

2. 跟刀架

跟刀架主要用于精车或半精车细长的轴类零件，如丝杠、光杠等。它可以有效抵消细长工件加工时的不平衡径向切削分力，从而大大提高细长轴的加工精度和表面质量。

跟刀架的使用方法如图 6-12 所示。将跟刀架固定在车床床鞍上，保持与车刀同步移动；工作时，先在工件后端精车出一小段外圆柱面；精细调节跟刀架上的两个可调支承爪，使它们轻轻接触刚车出的外圆柱面；开动车床，以较低转速车出细长轴的全长。

3. 中心架

中心架通常用于加工阶梯轴，以及在长杆件的端面进行钻孔、镗孔或攻螺纹。对于无法通过机床主轴孔的较大直径长轴进行端面车削时，也经常使用中心架。

中心架的使用方法如图 6-13 所示。借助压板螺钉将中心架紧固在车床导轨上；调节互成 120°角的三个支承爪，使它们均与工件保持压力适中的良好接触，以增加工件的刚性；加注机油润滑，以低转速进行车削加工。

6.4.4 心轴

心轴用双顶尖顶夹在车床上，用于安装形状复杂或同轴度要求较高的盘套类零件，以保证工件外圆与内孔的同轴度，以及端面与内孔轴线的垂直度要求。

图 6-13 中心架的使用方法

用心轴安装工件时，应根据工件的形状、尺寸、精度要求、加工数量的不同，采用不同结构的心轴。安装时，先对工件的内孔进行精加工达 IT8～IT7，然后以工件的内孔定位。

1. 圆柱心轴

当工件的长径比小于 1 时，应使用带螺母压紧的圆柱心轴，如图 6-14 所示。工件的左端面靠紧心轴的台阶面，借助螺母及垫圈将工件压紧在心轴上。为了保证内外圆同心，孔与心轴之间的配合间隙应尽可能小些，否则其定心精度将随之降低。

2. 小锥度心轴

当工件的长径比大于 1 时，可采用带有小锥度（1/5 000 ~ 1/1 000）的心轴，如图6-15所示。由于工件孔与小锥度心轴配合时是靠接触面之间产生的弹性变形来夹紧零件，故切削力不可太大，以防工件在心轴上滑动而影响正常切削。小锥度心轴的定心精度较高，可达 0.01 ~ 0.005 mm，多用于磨削或精车加工，但工件的轴向定位不够准确。

图 6-14　圆柱心轴安装工件　　　　　图 6-15　小锥度心轴安装工件

3. 膨胀心轴

膨胀心轴是通过调整锥形螺杆，使心轴的一端产生微量径向扩张，将工件孔胀紧的一种快速装拆心轴，适用于中小型零件的安装。

4. 螺纹伞形心轴

螺纹伞形心轴适用于安装以毛坯孔为基准的、或带有锥孔或阶梯孔零件的外圆车削。其特点是：装拆迅速，装夹牢固，能装夹一定尺寸范围内不同孔径的零件。

心轴的种类很多，除上述几种外，还有弹簧心轴、离心力夹紧心轴等。

6.4.5　花盘及弯板

在车床上加工形状不规则且三爪自定心卡盘和四爪单动卡盘均无法装卡的较大型复杂工件时，可采用花盘及弯板进行装夹，如图6-16所示。

图 6-16　用花盘及弯板安装工件

使用花盘时，先在车床主轴上卸下卡盘，然后将花盘正确安装在车床主轴的前端；借助于花盘上的 T 形槽、螺栓和压板，将异形工件轻轻夹紧；使用划针盘，用手转动主轴按线找正工件；最后将工件夹紧。当被加工工件的轴线与花盘安装面平行，或被加工工件的两孔中心线要求相互垂直时，可在花盘上加装弯板，借助于螺栓和压板安装工件。

值得注意的是，在车床上使用花盘或弯板安装工件时，必须考虑加装配重进行平衡，以防加工时因零件的偏心重量而引起振动、冲击和发生意外事故。

6.5 车削基本操作

6.5.1 调整车床

调整车床包括两项工作：选择主轴转速和选择车刀的进给量。

选择车床主轴转速时，应根据刀片材料所允许的最高切削速度和工件直径进行计算，然后参照车床上的主轴转数铭牌来选择。

例如用硬质合金车刀加工直径 D = 200 mm 的铸铁带轮，选取切削速度为 60 m/min，经计算可得主轴转速为 95.5 r/min，此时应从表 6-1 所示的主轴转速铭牌中选取偏小一挡的转速为 94 r/min，即短手柄扳向左方，长手柄扳向右方，床头箱手柄放在位置 I 处即可。

表 6-1　C6132 型车床主轴转数铭牌

手柄位置		长　手　柄					
		I			II		
		↻	↻	↻	↻	↻	↻
短手柄	↻	45	66	94	360	530	750
	↻	120	173	248	958	1 380	1 980

进给量的选择通常根据工件的加工要求确定：粗车时进给量一般取为 0.2~0.3 mm/r，精车时进给量应根据被加工零件的表面粗糙度而定，例如表面粗糙度值为 Ra 6.3 μm 时，可选用 0.1~0.2 mm/r；Ra 要求为 1.6 μm 时，可选用 0.08~0.12 mm/r 等。进给量的调整方法，可对照车床上的进给量铭牌表来扳动手柄的位置，具体方法与调整主轴转速相似。

6.5.2 车外圆

车削加工分为粗车和精车两个步骤。粗车目的是尽快切除多余金属层，粗车后应留下 0.5~1 mm 的精加工余量。精车目的是使零件达到较高的精度和表面粗糙度，因此背吃刀量较小，必要时可将刀尖磨成小圆弧，以改善工件的表面粗糙度。

为了保证工件的加工尺寸精度，可采用试切法车削。试切法的操作步骤如图 6-17 所示。

工件车削完毕之后，应采用合适的量具检验。车削外圆主要检验工件外圆直径是否在公差范围之内，测量时需要多测量几个部位，注意是否存在椭圆和锥形误差问题。

6.5.3 车端面和台阶面

车端面常用弯头车刀或偏刀。安装车刀应注意刀尖对准工件中心，以免在车出的端面中

图 6-17 试切法的操作步骤

（a）开车对刀，使车刀和工件表面轻微接触；（b）向右退出；（c）按要求横向进给 a_{p1}；

（d）试切 1~3 mm；（e）向右退出，停车，测量；（f）调整切深至 a_{p2} 后，自动进给车外圆

心残留凸台。

车端面的方法如图 6-18 所示。工件伸出卡盘不能太长；车削时车刀可由外向里进给，也可以由里向外进给。工件上的台阶面可在车外圆的同时用偏刀车出，车刀的主刀刃应垂直于工件的轴线；当台阶面较高时，应分层切削；最后一刀应横向退出，以修光台阶面。

图 6-18 车端面的方法

（a）用偏刀由外向内进给；（b）用偏刀由内向外进给；（c）用弯头刀车端面

6.5.4 钻孔和镗孔

1. 钻孔

在车床上钻孔的方法如图 6-19 所示。工件装夹在卡盘上，钻头安装在尾座套筒锥孔内，钻孔前先车平端面并车出中心凹坑；钻孔时转动尾座手轮使钻头缓慢进给。钻孔时应注意经常退出钻头排屑，钻孔时的进给不能过猛以免折断钻头，钻钢料时应加切削液进行冷却润滑。

图 6-19　在车床上钻孔的方法

2. 镗孔

在车床上镗孔的方法如图 6-20 所示。用车床镗孔比车外圆困难，故切削用量要比车外圆选取得小些。镗刀刀杆应尽可能粗壮，以增强刚性。装刀时，镗刀杆的伸出长度只要略大于孔的深度即可。镗孔操作也应采用试切法调整切削深度，并注意手柄的转动方向应与车外圆时的方向相反。

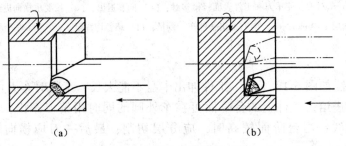

（a）　　　　　　　　　　　　（b）

图 6-20　在车床上镗孔的方法

（a）镗通孔；（b）镗不通孔

6.5.5　切槽和切断

切槽和切断都是采用切槽刀，切槽刀的刀头较窄，两侧磨有副偏角和副后角，因此刀头很薄弱，容易折断。装刀时，应保证刀头两边对称。

1. 切槽

切槽的方法如图 6-21 所示。宽度不大的沟槽，可以用刀头宽度等于槽宽的车刀一次横向进给车出；较宽的沟槽，可分几次车出，最后精车修光槽的两侧面和底面。切槽时刀具的移动应缓慢、均匀、连续，刀头伸出的长度应尽可能短些，避免引起振动。

2. 切断

切断的方法如图 6-22 所示。切断刀与切槽刀相似，只是刀头更窄更长。切断时，刀头切入工件较深，切削条件较差，加工更困难，因此切削用量应选取得更加合适。工件上的切断位置应尽可能靠近卡盘，切断刀必须安装正确使刀尖严格通过工件中心，否则容易折断刀具。切断钢料时应加切削液。

6.5.6　车圆锥面

在卧式车床上车圆锥面的方法有：转动小溜板法、尾座偏移法、宽刀法等。其中最常用的方法是转动小刀架法，如图 6-23 所示。将小溜板扳转一角度 α，其值等于工件的半锥角。

第一、二次横向进给　　　最后一次横向进给后
再以纵向进给车槽底

（a）　　　　　　　　　　　（b）

图 6-21　在车床上切槽的方法
（a）切窄槽；（b）切宽槽

开动车床后，转动小滑板丝杠手柄，使车刀沿着锥面母线移动，从而加工出所需的圆锥面。这种加工方法的优点是调整方便，操作简单，可以加工任意锥角的内、外圆锥面，应用比较普遍。但是，被加工圆锥面的长度受到小滑板行程的限制，不能太长，而且只能手动进给。

图 6-22　车床上切断工件

图 6-23　转动小滑板车圆锥面

尾座偏移法是借助于调整螺钉，将车床的尾座顶尖横向偏移一个距离 S，使安装于两顶尖之间的长轴工件回转中心线与车床主轴中心线的相交角度等于工件半锥角 α，车刀纵向进给的方向即为圆锥母线方向。使用这种方法，可以加工出较长的小锥度长轴外圆锥面。

6.5.7　车螺纹

在车床上通过更换挂轮架上的配换齿轮和改变进给箱上的手柄位置，可以得到各种不同的导程；在刀架上安装与牙形角相符的螺纹车刀，就可以加工公制螺纹、英制螺纹、公制蜗杆、英制蜗杆、特殊螺纹等。

为了使车出的螺纹形状正确，必须使车刀刀头的形状与螺纹的截面形状相吻合；安装时应使螺纹车刀的前刀面与工件回转中心线等高，且应采用样板对刀，使刀尖的对称平分线与工件轴线垂直。

加工螺纹的操作步骤如图 6-24 所示，为了保证所得螺纹牙形和螺距的准确性，螺纹车削过程中刀具和工件都必须装夹牢固，不得有微小的松动；螺纹快要车成时，应及时停车，锉去毛刺，用螺纹环规或标准螺母进行检验。

图 6-24　车削螺纹的步骤

（a）开车，使车刀与工件轻微接触，记下刻度盘读数，向右退出车刀；（b）合上开合螺母在工件表面上车出一条螺旋线，横向退出车刀，停车；（c）开反车，使车刀退到工件右端，停车用钢尺或游标卡尺检查螺距是否正确；（d）调整切深，开车切削，车钢料要加切削液；（e）车刀行至螺纹端头时应快速退出，然后停车，开反车向右退回刀架；（f）再调整切深，继续切削直至达到要求

6.6　车削加工工艺及操作实例

车削加工工艺是指合理正确的车削加工方法，它是保证在车削时获得合格工件的重要技术文件，通常由工程技术人员或有经验的工人技师书面编制而成。以图 6-25 所示的销轴零件为例，该销轴的材料为 45 号钢，毛坯形状为 φ32 mm 圆钢棒料，它的车削加工步骤如表 6-2 所示。

图 6-25　销轴零件图

表 6-2　销轴的车削步骤

序号	操作内容	加工简图	装夹方法
1	下棒料 $\phi32\times530$ mm（每根棒料车 10 件）		
2	车端面		三爪卡盘
3	粗车各外圆 $\phi30\times50$ $\phi16\times40$ $\phi13\times14$		三爪卡盘
4	切退刀槽		三爪卡盘
5	精车各外圆 $\phi15\times26$ $\phi12\times14$		三爪卡盘
6	倒角		三爪卡盘
7	车 M12 螺纹		三爪卡盘

续表

序号	操作内容	加工简图	装夹方法
8	切断，端面留加工余量 1 mm，全长 47 mm		三爪卡盘
9	调头、车端面、倒角		三爪卡盘
10	检验		

6.7　车工实习安全技术

（1）工作时要穿合适的紧身工作服，女同学的长发要压入工作帽内，严禁戴手套操作。

（2）工件和刀具装夹应牢固可靠，床面上不准堆放工具、量具及其他物件。

（3）工作时，头部不可离工件太近，必要时需戴防护目镜，以防飞屑伤眼。

（4）不得将卡盘扳手随意插在卡盘上离开机床，不得在车床开动时测量工件，不得用手直接清除切屑，不得在开车时变换主轴转速，不得用手去刹住即将停止转动的卡盘。

（5）自动进给时，严禁床鞍或中滑板超过极限位置，以防滑板脱落或碰撞卡盘而发生人身、设备安全事故。

（6）每次实习工作结束后，应关闭电源、清除切屑、清洁机床、加油润滑，保持工作环境的整齐清洁。

复习思考题

一、填空题

（1）车削加工是指_____旋转作主运动，_____平移作进给运动的一种切削加工方法，它是金属切削加工的主要方法之一。

（2）车刀按用途可分为_____车刀、_____车刀、_____车刀、_____车刀等；车刀按结构形式可分为_____式、_____式、_____式、_____式四种。

（3）车削螺纹时，必须使车刀刀头的形状与被加工螺纹的_____相吻合。

（4）刃磨高速钢刀具采用_____砂轮，刃磨硬质合金刀具采用_____砂轮。

（5）车床上使用的卡盘有两种：_____卡盘和_____卡盘。

(6) 车削加工细长轴时，由于工件的自身刚度不足，除了用顶尖安装零件外，还常采用_____或_____作为附加的辅助支承。

二、讨论题（可采用口试方式进行考核）

(1) 在车床上，工件的安装方法有哪几种？分别应用于什么场合？

(2) 安装外圆车刀有哪些注意事项？

(3) 车削细长轴类工件时，最容易造成工件报废的原因是什么？可以采用哪些工艺措施来提高车削细长轴类工件的加工精度？

(4) 车削可以加工哪些表面？车削可以达到的尺寸精度和表面粗糙度值各为多少？

(5) 车削之前为什么要试切？试切的步骤有哪些？

(6) C6132 车床中各代号表示什么意义？C6140 又各表示什么意义？

(7) 在车床上车削加工成形面的方法有哪几种？

(8) 中心架和跟刀架各起到什么作用？在什么场合下使用？

(9) 转动小溜板车削圆锥面时，如果刻度盘的手柄转过头了，应如何纠正？

(10) 试将车削加工不同零件时所用到的装夹附件及其特点填入下列表格：

车削加工的工作内容	装夹附件的名称	装夹方法的特点
车一般圆形零件		
车直径较大需夹紧力大的圆形零件或截面为椭圆的零件		
车削已有顶尖孔的轴类零件		
车削需精加工的盘套类零件		
车削形状不规则的大型零件（如轴承座）		

(11) 刃磨和安装车刀时的注意事项是什么？

(12) 拟车削一圆锥体零件，已知其大端直径 $D = 42$ mm，小端直径 $d = 37$ mm，长度 $L = 420$ mm，求尾座的偏移量 S 为多少？

第 7 章

铣削加工

学习完本章，应该掌握如下内容：

◆ 了解铣削加工的工艺特点及加工范围。

◆ 了解铣削加工的设备、刀具、附件的性能、用途和使用方法。

◆ 学习铣削加工的基本操作方法，掌握简单零件的铣削加工。

7.1 概 述

铣削加工是指铣刀旋转作主运动，工件平移作进给运动的一种切削加工方法，它是金属切削加工中最常用的方法之一。在切削加工中，铣削的工作量仅次于车削，特别是在平面、沟槽、成形面零件加工中，除导轨、镶条等狭长的平面之外，铣削加工几乎完全代替刨削加工。

7.1.1 铣削加工范围

铣削通常在卧式铣床和立式铣床上进行，主要用来加工各类平面、沟槽和成形面。利用万能分度头对工件进行分度，在铣床上可以铣花键、铣齿轮，还可以在工件上进行钻孔、镗孔等加工。常见的铣削加工范围如图 7-1 所示。铣削加工时，工件的尺寸公差等级一般可达 IT10 ~ IT8，表面粗糙度一般可达 $Ra6.3 \sim 1.6 \mu m$。

7.1.2 铣削加工特点

（1）生产效率高：铣削使用的铣刀是旋转的多齿刀具，切削能力强，刀刃的散热条件好，可以相对提高切削速度，故生产效率很高。

（2）加工范围广：铣刀的规格种类丰富，铣床的随机附件齐全，铣削加工方法灵活多样，因此加工范围很广。

（3）容易产生振动：铣刀属于断续切削，由于铣刀刀齿不断切入切出工件，使切削力不断变化，因而容易产生冲击和振动。

（4）加工成本较高：铣床的结构复杂，铣刀的制造和刃磨都比较困难，使得加工成本较高；但由于铣削的生产效率高，在大批量生产时可以使生产成本相对减低。

图 7-1　铣削加工范围

（a）周铣平面；（b）端铣台阶面；（c）周铣台阶面；（d）端铣平面；（e）周铣直槽；（f）铣 T 形槽；
（g）铣 V 形槽；（h）立铣床铣槽；（i）铣燕尾槽；（j）周铣成形面；（k）周铣齿轮；（l）铣钻头螺旋槽

7.1.3　铣削运动和铣削用量

铣削运动有主运动和进给运动。铣削时刀具绕自身轴线的快速旋转运动为主运动，工件缓慢的直线运动为进给运动。通常将铣削速度 v_c、进给量（f）、铣削深度（a_p）和铣削宽度（a_e）称为铣削用量四要素，如图 7-2 所示。

图 7-2　铣削运动及铣削用量

1. 铣削速度 v_c

铣削速度即为铣刀最大直径处的线速度，可用下式表示：

$$v_c = \frac{\pi D n}{1\,000}$$

式中　D——铣刀切削刃上最大直径（mm）；n——铣刀转速（r/min）；v_c——铣刀最大直径处的线速度（m/min）。

在铣床标牌上所标出的主轴转速采用每分钟转速表示，即每分钟内主轴带动铣刀旋转的转数，单位为 r/min。铣削时，是通过选择一定的铣刀转速 n 来获得所需要的铣削速度 v_c。生产中的实际方法是：根据刀具材料、工件材料，选择合适的切削速度，计算出铣刀转速 n，再从机床标牌上的转速表中适当进行选定。

2. 进给量

铣削进给量有三种表示方式:

(1) 每分钟进给量 $v_f(\text{mm/min})$ 每分钟进给量 v_f 也称为进给速度,指每分钟内,工件相对铣刀沿进给方向移动的距离。

(2) 每转进给量 $f(\text{mm/r})$ 指铣刀每转过一转时,工件相对铣刀沿进给方向移动的距离。

(3) 每齿进给量 $f_z(\text{mm/z})$ 指铣刀每转过一齿时,工件相对铣刀沿进给方向移动的距离。

三种进给量之间的关系如下:

$$v_f = fn = f_z zn$$

式中 n——铣刀每分钟转速 (r/min);z——铣刀齿数。

铣床铭牌上所标出的进给量,采用的是每分钟进给量表示方式。

3. 铣削深度和铣削宽度

铣削深度 a_p 指平行于铣刀轴线方向上切削层的厚度 (mm)。铣削宽度 a_e 指垂直于铣刀轴线方向的切削层的宽度 (mm)。

7.2 铣 床

7.2.1 铣床的型号

铣床的种类很多,最常用的是万能卧式铣床和立式铣床,它们的型号如:X5032、X6132 等。在铣床的型号中:左起第一位字母 X 表示铣床;左起第二位 5 表示立式铣床,6 表示卧式铣床;左起第三位 0 表示立式升降台铣床,1 表示万能升降台铣床;最后两位阿拉伯数字为铣床的主参数,它是工作台宽度的 1/10,即表示该铣床工作台的宽度为 320 mm。

万能卧式铣床和立式铣床这两类铣床的适用性强,主要用于加工尺寸不太大的工件。此外,还有加工大型工件的龙门铣床、小型灵活的工具铣床等。近年来又出现了功能强大的数控铣床,它具有适应性强、自动化程度高、精度好、生产效率高、劳动强度低等明显优点。

7.2.2 万能卧式铣床

万能卧式铣床的主要特点是主轴轴线与工作台平面平行,呈水平方位配置。工作台可沿纵、横、垂直三个方向移动,并可在水平面内转动一定的角度,以适应铣削时不同的工作需要。X6132 万能卧式铣床的外形如图 7-3 所示,它的主要组成部分有:床身、主轴、横梁、刀杆、吊架、纵向工作台、转台、横向工作台、升降台等。参考以前的机床型号表示方法,X6132 万能卧式铣床对应的旧型号为 X62W。

7.2.3 立式铣床

立式铣床的主要特点是主轴铅垂配置,主轴的轴线与工作台台面垂直。在立式铣床上,能够使用装有机夹可转位不重磨硬质合金刀片的面铣刀进行高速强力铣削,因而生产效率高,应用很广泛。X5032 立式铣床的外形如图 7-4 所示,它对应的旧型号为 X52。

图 7-3 X6132 万能卧式铣床

1—床身；2—电动机；3—主轴变速机构；4—主轴；5—横梁；6—刀杆；

7—吊架；8—纵向工作台；9—转台；10—横向工作台；11—升降台

图 7-4 X5032 立式铣床

1—电动机；2—床身；3—主轴头架旋转刻度盘；4—主轴头架；5—主轴；

6—纵向工作台；7—横向工作台；8—升降台；9—底座

7.2.4　铣床的传动系统

X6132 万能卧式铣床的传动系统图如图 7-5 所示。经分析知：该铣床的主运动与进给运动是由两个电动机分别驱动两套不同的传动系统来实现，两套传动系统之间没有必然的机械联系，所以计算进给速度时只能以某一段时间内的主轴转数和工作台移动距离来计算，故铣削加工进给量通常采用每分钟进给量表达方式。

图 7-5　X6132 铣床的传动系统图

7.3　铣　刀

7.3.1　铣刀的种类

铣刀的种类很多，按其装夹方式的不同，可分为带孔铣刀和带柄铣刀两大类。

采用孔装夹的铣刀称为带孔铣刀，它们有很多种类，一般用于卧式铣床加工。其中，圆柱铣刀如图 7-6（a）所示，它的圆柱面上制有多刃刀齿，主要采用周铣方式铣削平面；三面刃铣刀如图 7-6（b）所示，主要用于周铣加工不同宽度的直角沟槽、小平面和台阶面等；锯片铣刀如图 7-6（c）所示，主要用于切断工件或铣削窄槽；成形铣刀如图 7-6（d）、7-6（g）、7-6（h）所示，主要用于卧铣加工各种成形面，如凸圆弧、凹圆弧、齿轮等；角度铣刀分为单角和双角铣刀两种，双角铣刀又分为对称双角铣刀和不对称双角铣刀，如图 7-6（e）、7-6（f）所示，它们的周边刀刃具有各种不同的角度，可用于加工各种角度的沟槽及斜面等。

采用柄部装夹的铣刀称为带柄铣刀，分别有锥柄和直柄两种形式，它们多用于立式铣床加工。其中，镶齿面铣刀如图 7-7（a）所示，它镶有多个硬质合金刀片，刀杆伸出部分较

图 7-6　带孔铣刀

（a）圆柱铣刀；（b）三面刃铣刀；（c）锯片铣刀；（d）模数铣刀；

（e）单角铣刀；（f）双角铣刀；（g）凹圆弧铣刀；（h）凸圆弧铣刀

短，刚性很好，可采用端铣方式进行平面的高速铣削；圆柱立铣刀如图 7-7（b）所示，有直柄和锥柄两种，由于它们的端面心部有中心孔，不具备任何切削能力，因此主要用于周铣加工平面、斜面、沟槽、台阶面等；键槽铣刀和 T 形槽铣刀如图 7-7（c）、7-7（d）所示，键槽铣刀专门用于加工封闭式键槽，T 形槽铣刀专门用于加工 T 形槽；燕尾槽铣刀如图 7-7（e）所示，专门用于加工燕尾槽。

图 7-7　带柄铣刀

（a）镶齿面铣刀；（b）立铣刀；（c）键槽铣刀；（d）T 形槽铣刀；（e）燕尾槽铣刀

7.3.2　铣刀的安装

1. 带孔圆盘铣刀的安装

带孔铣刀大多数情况下是安装在卧式铣床上使用，安装时通过长刀杆、压紧套筒、螺母等元件将铣刀夹紧，如图 7-8 所示。安装带孔铣刀的操作过程如下：将刀杆一端的 7∶24 外锥体插入铣床主轴前端的锥孔中，对准端面键，使刀杆准确定位；用拉杆 1 穿过主轴孔将刀杆 6 拉紧，使刀杆与主轴锥孔紧密配合；将铣刀和套筒等零件的内孔与端面擦净，依次套在刀杆上，注意使铣刀尽可能靠近主轴，以增加刚性，避免刀杆发生弯曲，影响加工精度；装好吊架，用吊架孔支承住刀杆游离端，防止刀杆弯曲变形；拧紧螺母，将铣刀与套筒夹紧在刀杆上。

图 7-8　带孔圆盘铣刀的安装

1—拉杆；2—主轴；3—端面键；4—套筒；5—铣刀；6—刀杆；7—螺母；8—吊架

2. 带孔端面铣刀的安装

带孔面铣刀也可采用短刀轴进行安装。例如中间带有圆孔的镶齿面铣刀、端铣刀等安装时，通常是将铣刀装在短刀轴上，再将短刀轴装到铣床的主轴上，并用拉杆螺钉将短刀轴拉紧，如图 7-9 所示。

3. 带柄铣刀的安装

对于直径为 10~50 mm 的锥柄立铣刀，安装方法如图 7-10（a）所示：根据铣刀锥柄的规格大小（一般为 2#~4# 莫氏锥度）选择合适的过渡套筒；将各配合面擦净，装入机床主轴孔中；用拉杆将铣刀、过渡套筒、机床主轴拉紧即可。

对于直径为 3~20 mm 的直柄立铣刀，安装方法如图 7-10（b）所示：将铣刀直柄插入弹簧套的孔内；旋紧螺母，压紧弹簧套的端面，使弹簧套的外锥面受压而使孔径缩小，即可将直柄铣刀夹紧。弹簧套有多种孔径，可以适应各种尺寸的直柄立铣刀安装。

图 7-9　带孔端面铣刀的安装

图 7-10　带柄铣刀的安装

（a）锥柄铣刀的装夹；（b）直柄铣刀的装夹

1—拉杆；2—变锥过渡套筒；3—夹头体；

4—螺母；5—弹簧套

7.4 铣床附件及工件安装

7.4.1 平口虎钳

铣床上经常使用平口虎钳装夹工件。图7-11所示为带转台的机用平口虎钳，它由底座、钳身、固定钳口、活动钳口、钳口铁、螺杆等零件组成。平口虎钳底面两端装有定位键，在铣床上安装平口虎钳时，应将两个定位键卡入铣床工作台面的T形槽内，并推靠一侧贴紧，使平口虎钳在铣床上获得正确的定位。带转台的平口虎钳钳身上带有可转动的刻度，松开钳身上的压紧螺母，就可以扳转钳身到达所需的方位。

用百分表校正带转台平口虎钳的操作方法如图7-12所示：① 在铣床主轴上装好百分表，让表头测杆轻轻接触固定钳口；② 往复移动工作台，观察百分表，校正平口虎钳的固定钳口，使之与铣床工作台的移动方向平行；③ 必要时松开钳身上的压紧螺母，仔细调整固定钳口的转角方位；④ 校正合格后，压紧螺母，复查无误方可安装夹紧工件。

图7-11 平口虎钳
1—底座；2—钳身；3—固定钳口；4—钳口铁；
5—活动钳口；6—螺杆；7—刻度

图7-12 用百分表校正平口虎钳

用平口虎钳装夹工件时，为了防止工件上的已加工表面被夹伤，可在钳口与工件之间垫软铜片进行保护。装夹时先用平行垫铁将工件垫起；然后一面夹紧，一面用木榔头或铜棒轻轻敲击工件上部；夹紧后用手抽动工件下方的垫铁进行检查，如有松动应重新操作夹紧。

7.4.2 回转工作台

回转工作台的外形如图7-13所示，它的内部装有传动比为1∶80的蜗杆蜗轮，手柄与蜗杆同轴连接，转台与蜗轮连接。转动手柄，即可通过蜗杆蜗轮机构使转台低速回转；借助转台周围的0°～360°刻度，可用来观察和确定转台的位置；转台中央的孔内可以安装心轴，用来找正和确定工件的回转中心。

回转工作台一般用于零件的分度工作，以及具有非整圆弧面的工件加工。加工时，工件装夹在回转工作台上，铣刀高速旋转，缓慢地摇动手轮，使转台带动工件进行低速圆周进给，即可铣削圆弧槽等。

图7-13 回转工作台
1—回转台；2—手柄；3—传动轴；
4—挡铁；5—刻度盘；6—手柄

7.4.3　分度头

1. 分度头的功用

在铣削加工具有均布、等分要求的工件如：螺栓六方头、齿轮、花键槽时，工件每加工一个面或一个槽之后必须转过一个角度，才能接着加工下一个部位。这种将工件周期性地转动一定角度的工作，称为分度。分度头就是用于进行精密分度的装置，生产中最常见的是万能分度头。

万能分度头是铣床的重要附件，其主要功用是能在水平、垂直和倾斜等任何位置对工件进行精密分度，如图 7-14 所示。如果配搭挂轮，万能分度头还可以配合工作台的移动使工件连续旋转，完成铣削螺旋槽或铣削加工凸轮等工作。

（a）　　　　　　　　　　（b）

（c）

图 7-14　用分度头装夹工件

（a）水平位置装夹；（b）垂直位置装夹；（c）倾斜位置装夹

图 7-15　万能分度头的结构

1—底座；2—分度叉；3—分度盘；4—手柄；5—回转体；
6—分度头主轴；7—蜗轮；8—蜗杆；9—三爪自定心卡盘

2. 分度头的结构

万能分度头的结构如图 7-15 所示，它由底座、分度盘、扇形叉、手柄、蜗杆、蜗轮、主轴等组成。主轴前端安装三爪自定心卡盘或顶尖，分度时拔出定位销，转动手柄，通过蜗轮蜗杆带动分度头主轴旋转进行分度。

3. 分度头的使用方法

1）工作原理　分度头的传动系统如图 7-16 所示，蜗杆与蜗轮的传动比关系为

i＝蜗杆的头数/蜗轮的齿数＝1/40

当手柄转一圈时，通过齿数比为 1:1

图 7-16 分度头的传动系统

(a) 传动示意图；(b) 分度盘

1—主轴；2—刻度环；3—挂轮轴；4—分度盘；5—定位销；6、7—分度叉

的直齿圆柱齿轮副传动，使单头蜗杆也转一圈，相应地使蜗轮带动主轴转 1/40 圈，其效果相当于将工件作 40 等分。可见，若工件在整个圆周上需要等分数为 Z，则每一次等分时，分度手柄所需转过的圈数 n 可由下列比例关系求得：

$$1 : \frac{1}{40} = n : \frac{1}{Z} \quad 即 \quad n = \frac{40}{Z}$$

式中 n——手柄转数；Z——工件等分数；40——分度头定数。

2）分度方法 使用分度头分度的方法很多，有直接分度法、简单分度法、角度分度法和差动分度法等。这里仅介绍最常用的简单分度法。

简单分度法的计算公式为 $n = 40/Z$。例如铣削直齿圆柱齿轮时，工件的齿数为 36，每一次分度时，手柄所需转数为：

$$n = \frac{40}{Z} = \frac{40}{36} = 1\frac{1}{9} = 1\frac{6}{54}（圈）$$

根据上述计算结果，每分一个齿，手柄需转过 $1\frac{1}{9}$ 圈。我们可以在图 7-16（b）所示的分度盘上找到孔数为 54 的孔圈，借助于手柄和分度叉，实现所需的分度。

分度头备有两块分度盘。分度盘的两面分别有许多同心圆排列的孔圈，各圈的孔数不相等，但同一孔圈上的孔距是均匀等分的。第一块分度盘正面各圈孔数为 24、25、28、30、34、37；反面孔数为 38、39、41、42、43。第二块分度盘正面各圈孔数为 46、47、49、51、53、54；反面孔数为 57、58、59、62、66。

以齿数 Z＝36 的工件为例，简单分度的操作方法如下：① 首先计算每次分度手柄所需转过的圈数，然后调整定位销的位置，使之移动到孔数为 9 的倍数的孔圈（54 孔）上；② 分度时将分度手柄上的定位销拔出，将手柄转过一圈之后，再借助分度叉将定位销沿 54 孔的孔圈转过 6 个孔间距即可。

7.4.4 万能立铣头

为了扩大卧式铣床的工作范围，可在卧式铣床主轴上安装一个万能立铣头，如图 7-17 所示。安装万能立铣头之后，万能立铣头的主轴可以在相互垂直的两个平面内旋转，不仅能完成立铣和卧铣的工作，还可以在工件的一次装夹中，进行任意角度的铣削。

图 7-17 万能立铣头
1—螺栓；2—底座；3—铣头主轴壳体；4—罩壳；5—铣刀

7.4.5 压板螺栓装夹工件

在铣削加工时，可以使用压板、螺栓等简易工具，在铣床工作台上直接装夹工件。装夹工件时压板的位置要安排得当，夹压点要尽可能靠近切削部位，夹紧力的大小要合适。工件夹紧后，要用划针盘复查工件上的划线是否仍与工作台面平行，避免工件在装夹过程中变形或走动。装夹薄壁工件时，夹压点应选在工件刚性较好的部位，必要时可在工件的空心位置处增加辅助支承，防止工件产生过大变形或因受切削力过大而产生振动。

如图 7-18 所示为压板、螺栓的正确装夹与错误装夹方法的比较示例。

正确   错误

图 7-18 压板螺栓的正确用法

7.5 铣削基本操作

7.5.1 铣平面

在卧式铣床和立式铣床上，都可以铣削平面。如图 7-19 所示，使用圆柱铣刀、三面刃圆盘铣刀、面铣刀和立铣刀，都可以方便地进行水平面、垂直面、台阶面的铣削加工。

图 7-19 平面铣削方法

（a）圆柱铣刀周铣平面；（b）面铣刀端铣平面；（c）立铣刀周铣平面；（d）三面刃圆盘铣刀周铣台阶面

铣削时，利用铣刀圆周上的切削刃铣削加工的方法，叫做周铣法；利用铣刀端面上的切削刃铣削加工的方法，叫做端铣法。周铣法又可分为逆铣法和顺铣法两种。

1. 顺铣法

铣削区域内铣刀刀齿的运动方向与工件的进给方向相同时，称为顺铣，如图 7-20（a）所示。顺铣时每个刀齿的切削厚度从最大逐渐递减到零，避免了铣刀在已加工表面上的滑行过程，使刀齿后刀面上的磨损减小。顺铣时铣刀对工件的垂直分力将工件压向铣床工作台，减少了工件振动的可能性。但顺铣时铣刀对工件的水平切削分力与工件的进给方向相同，由于普通铣床的工作台丝杠与螺母之间通常都存在一定的间隙，水平切削分力有可能将工作台拉动造成机床窜动，影响已加工表面质量，甚至发生打坏刀具、损坏机床的事故。为了减小水平切削分力的不良影响，顺铣时的切削层厚度应尽可能小一些，所以顺铣法适合用于精铣加工。

图 7-20 顺铣和逆铣

（a）顺铣；（b）逆铣

2. 逆铣法

铣削区域内铣刀刀齿的运动方向与工件的进给方向相反时，称为逆铣，如图 7-20（b）所示。逆铣时每个刀齿的切削厚度由零逐渐加大，刀齿切入工件表面之前有滑行现象，冷硬层加剧了刀具的快速磨损，增大了工件的表面粗糙度值，还容易因铣刀对工件产生一个向上抬的垂直分力而引起工件振动。但逆铣过程中铣刀对工件的水平切削分力使工作台丝杠与螺母总是保持紧密接触，丝杠与螺母之间的间隙对铣削过程没有影响，使大切削量的强力铣削仍可平稳进行，所以逆铣法适合用于粗铣加工和半精铣加工。

7.5.2　铣斜面

工件上的斜面可以采用如下方法之一进行铣削。

1. 将工件倾斜所需角度

此方法是将工件倾斜适当的角度，使斜面位于水平位置，然后采用铣平面的方法来铣斜面。进行装夹工件的方法有多种：图 7-21（a）为根据划线用划针盘找平斜面；图 7-21（b）为在万能虎钳上装夹工件；图 7-21（c）为使用倾斜垫铁装夹工件；图 7-21（d）为使用分度头装夹工件。

图 7-21　用倾斜工件法铣斜面
（a）根据划针盘找平斜面；（b）在万能虎钳上装夹工件；
（c）用倾斜垫铁装夹工件；（d）用分度头装夹工件

2. 将铣刀倾斜所需角度

该方法如图 7-22 所示，是在装有万能铣头的卧式铣床或立式铣床上进行，将铣床的刀轴倾斜一定的角度，移动工作台采用自动进给进行铣削。

图 7-22　用倾斜刀轴法铣斜面
（a）用带柄立铣刀铣斜面；（b）用面铣刀铣斜面

3. 用角度铣刀铣斜面

对于一些较小的斜面，也可以使用角度铣刀进行铣削加工，如图 7-23 所示。

图 7-23   用角度铣刀铣斜面

7.5.3 铣沟槽

在铣床上利用不同的铣刀可以铣削加工键槽、直角槽、T 形槽、V 形槽、燕尾槽和螺旋槽等各种沟槽。这里仅介绍键槽、T 形槽和螺旋槽的加工。

1. 铣键槽

铣键槽时工件的装夹方法很多，但装夹时都必须使工件的轴线与进给方向一致，并且与工作台台面平行。轴上的键槽有封闭式和开口式两种。封闭式键槽一般是在立式铣床上用键槽铣刀或立铣刀进行加工。铣削时，首先根据图纸的要求选择相应铣刀；安装好刀具和工件之后，要仔细地进行对刀，使工件的轴线与铣刀的中心平面对准，以保证所铣键槽的对称性；然后调整铣削的深度，进行加工；键槽较深时，需要分多次走刀进行铣削。对于开口式键槽，通常是采用三面刃铣刀，在卧式铣床上加工。

当采用立铣刀加工封闭式键槽时，由于立铣刀端面中央部位无切削刃，不能向下进刀，因此必须预先钻一个下刀孔，然后才可使用立铣刀铣削键槽。

2. 铣 T 形槽

加工 T 形槽的操作步骤如下：先在工件上划线（图 7-24（a））；再用立铣刀或三面刃铣刀铣出直槽（图 7-24（b））；然后在立铣床上用 T 形槽铣刀铣出 T 形槽底（图 7-24（c））；最后用角度铣刀铣出倒角（图 7-24（d））。

(a)   (b)   (c)   (d)

图 7-24   铣 T 形槽的步骤
（a）划线；（b）铣直槽；（c）铣 T 形槽；（d）倒角

由于 T 形槽的铣削条件差，排屑困难，所以应经常清除切屑，切削用量应取小些，并加注足够的切削液。

3. 铣螺旋槽

在铣削加工中，有时会遇到螺旋槽的加工，如铣削斜齿圆柱齿轮的齿槽、麻花钻头排屑槽、立铣刀和螺旋圆柱铣刀上的沟槽等。

铣螺旋槽通常是在卧式万能铣床上进行，铣削方法如图 7-25 所示。铣削时，工件一方面随工作台作纵向直线移动，一方面又被分度头带动作旋转运动，两者之间保持严格的传动比关系，确保工件转动一周时工作台纵向移动一个导程。该运动关系的实现，是通过工作台丝杠与分度头手柄轴之间的交换齿轮组来完成的。

图 7-25　铣螺旋槽的方法及原理
（a）传动系统；（b）工作情况
1—工件；2—分度头主轴；3—尾座

　　为了使被铣削螺旋槽的法向截形与盘形铣刀的截面形状一致，铣床纵向工作台必须在水平面内转过一个角度，其大小等于工件的螺旋角，其方向应根据螺旋槽的旋向决定。

7.5.4　铣齿轮

　　齿轮有很多种类，如直齿圆柱齿轮、螺旋齿轮、锥齿轮等。加工齿轮齿形的方法可分为成形法和展成法两大类，在铣床上铣削齿轮属于成形法加工。铣床上铣削齿轮所用的成形铣刀称为模数铣刀，用于卧式铣床的是盘状模数铣刀，用于立式铣床的是指状模数铣刀，如图7-26 所示。

图 7-26　盘状模数铣刀和指状模数铣刀铣齿轮

1. 模数铣刀的知识

由渐开线齿轮的啮合原理知：模数相同但齿数不同时渐开线齿轮的齿廓形状不同，齿数越少，齿廓的曲率半径越小。为了满足不同齿数齿轮的铣齿加工需要，生产中实际使用的模数铣刀为同一种模数 8 把一套或 15 把一套。表 7-1 所示为 8 把一套的模数铣刀刀号及铣削齿数的范围。

表 7-1 模数铣刀的刀号及铣削齿数的范围

刀号	1	2	3	4	5	6	7	8
加工齿数范围	12~13	14~16	17~20	21~25	26~34	35~54	55~134	135 以上齿数及齿条
齿形								

2. 铣削齿轮的方法

铣削渐开线齿轮时，首先应选择模数相同，刀号正确的模数铣刀；然后装夹并校正工件；开冷却液，试切加工；当铣完一条齿槽后，利用分度头分度，接着铣下一条齿槽，直至完成全部加工。

在卧式铣床上铣削直齿圆柱齿轮的方法，如图 7-27 所示。

图 7-27 卧式铣床上铣削直齿圆柱齿轮
1—齿轮铣刀；2—齿轮坯；3—心轴

3. 铣削齿轮的优缺点

在铣床上铣削加工齿轮，其优点是设备简单，操作方便，刀具成本较低；但加工所得到的齿轮精度不高，仅可达到 IT11~IT9 级，而且生产效率很低，主要用于修配车间或单件生产方式。

7.6 铣工实习安全技术

（1）工作时应穿紧身工作服，扎紧袖口，女同学必须戴工作帽，不得戴手套操作机床。

（2）多人共同使用一台机床时，只允许一人进行操作，并应高度注意他人的安全。严禁两人或多人同时操作机床，以防发生意外人身事故。

（3）工件、刀具和夹具必须装夹牢固，开动机床前必须检查手柄位置是否正确，检查旋转部分与机床周围有无碰撞或不正常现象，并按规定对机床加油润滑。

(4) 加工过程中操作者不能离开机床，不能测量正在加工的工件或用手触摸工件，清除切屑时不能用手而应该用刷子进行清除。

(5) 严禁开车变换铣床转速，如发现机床运转有不正常现象，应立即停车并关闭电源，报告指导老师处理。

(6) 实习工作结束后，应关闭电源，清扫地面清除切屑，擦拭机床加油润滑，收拾整理工具、量具和其他辅具，保持良好的工作环境。

复习思考题

一、填空题

(1) 铣刀的种类很多，按其装夹方式，可分为_____铣刀和_____铣刀两大类。

(2) 由于铣刀刀齿不断切入切出功件，使切削力不断变化，容易产生_____。

(3) 立式铣床和卧式铣床的区别，在于它的主轴是_____配置还是_____配置。

(4) 铣削齿轮、花键槽时，将工件周期性的转动一定角度的工作，称为_____。

(5) 铣削与车削比较，铣削的主要特点是_____切削，故生产效率很高。

(6) 铣削时的主运动是_____运动，进给运动是_____运动。

(7) 在铣床上铣削加工齿轮的精度不高，主要用于_____场合。

(8) 铣床的主要附件有_____、_____、_____、_____等。

(9) 回转工作台一般用于零件的分度工作，以及具有_____的工件加工。

(10) 如果_____，万能分度头还可以完成铣削螺旋槽或铣削加工凸轮等工作。

二、讨论题（可采用口试方法进行考核）

(1) 在万能卧式铣床上，铣刀的安装方法有哪几种？工件的安装方法又有哪几种？

(2) 什么是顺铣？什么是逆铣？它们分别适合什么应用场合？

(3) 铣削加工可以完成哪些加工工作内容？

(4) X6132万能卧式铣床主要由哪几部分组成，它们的主要作用是什么？

(5) 铣床的主运动是什么？进给运动是什么？

(6) 铣削正六面体时，如何保证各面间的垂直度和平行度要求？

(7) 试述铣床主要附件的名称、用途和使用方法。

(8) 铣削齿数 $Z=28$ 的齿轮，试用简单分度法计算每铣一齿之后，分度头手柄应转过多少圈？（已知分度盘上的孔圈孔数为37、38、39、41、42、43）

(9) 铣床上装夹工件的方法主要有哪几种？

(10) 铣削轴上螺旋槽时，工件有哪几个运动？各运动应保持什么关系？工作台为什么要扳转一个角度。

(11) 为什么铣刀常做成多齿刀具？为什么多数铣刀还做成螺旋齿形状？

第 8 章

钳工操作

学习完本章，应该掌握如下内容：

◆ 了解钳工操作在零件加工及设备维修中的作用、特点和应用场合，学习划线、锯削、锉削、钻孔、攻丝、套螺纹等基本的钳工操作方法。

◆ 了解钻床的组成、运动和用途，了解扩孔、铰孔及锪孔的方法。

◆ 学习机械装配的基本概念及简单部件的装拆方法，了解刮削、研磨等钳工操作方法的特点和应用。

8.1 概　　述

钳工是使用手工工具完成切削加工、装配和修理等工作的工种，它以手工操作为主，基本操作有划线、錾削、锯削、锉削、刮削、研磨、钻孔、扩孔、锪孔、铰孔、攻丝、套螺纹及装配等。钳工常用设备有：钳工工作台，台虎钳，砂轮机等。

根据工作内容的不同，钳工可分为普通钳工、划线钳工、模具钳工、工具钳工、装配钳工、钻工和维修钳工等。

钳工使用的工具简单，操作灵活方便，能够加工形状复杂、质量要求高的零件，并能完成一般机械加工难以完成的工作，在机械制造和维修业中占有重要地位。

8.2 钳工基本操作

8.2.1 划线

1. 划线的作用

划线是指钳工根据图样要求，在毛坯上明确表示出加工余量、划出加工位置尺寸界线的操作过程。划线既可作为工件装夹及加工的依据，又可检查毛坯的合格性，还可以通过合理分配加工余量（亦称借料）尽可能挽救废品。

2. 划线的种类

划线的种类有平面划线和立体划线。前者是指在工件或毛坯的一个平面上划线，后者是指在工件或毛坯的长、宽、高三个方向上划线，如图 8-1 所示。

3. 划线工具及其用法

（1）划线平板　划线平板是用于划线的基准工具，它由铸铁制成，并经时效处理。划

图 8-1　平面划线和立体划线

（a）平面划线；（b）立体划线

线平板的上平面经过精细加工，光洁平整，是划线的基准平面。使用划线平板时要防止碰撞和锤击，如果长期不使用时，应涂防锈油防护。

（2）千斤顶、V 型铁和角铁　千斤顶和 V 型铁是置于划线平板上支撑工件的专用工具。千斤顶调整很方便，用于支撑较大的或不规则的工件；V 型铁用于支撑轴类工件，便于划出中心线。角铁是另一类支承工具，它与压板配合使用，可以划出互相垂直的基准线。

（3）划线方箱　划线方箱用于装夹尺寸较小而加工面较多的工件。如图 8-2 所示，将工件固定在方箱上，翻转方箱，便可把工件上互相垂直的所有线条在一次装夹位置中全部划出来。

划出的水平线

划出的垂直线

图 8-2　方箱的应用

图 8-3　用划针盘划线

1—钢尺；2—尺座；3—工件；4—划针盘

（4）划针及划针盘　划针是由高速钢制成的细长钢丝状划线工具；划针盘是装有划针的可调划线工具。如图 8-3 所示，划针盘常与划线平板联合使用，用于校正工件的位置和进行划线。

（5）划规　划规类似于绘图用的圆规，用于量取尺寸、等分线段、划圆周和圆弧线，也可用来划平行线（图 8-4）。

（6）划线量具　常用的划线量具有：钢直尺、90°角尺、高度游标尺等。高度游标尺是附有划线量爪的精密划线工具，亦可测量高度，但不可用于毛坯工件划线，以防损坏硬质合金划线爪（高度游标尺的使用方法，可参见图 5-18）。

图 8-4　划规

（7）样冲　样冲是用于在工件上打出样冲眼的工具。划好的线条和钻孔前的圆心位置处都需要打出样冲眼，其作用是防备所划的线一旦模糊之后，仍可借助样冲眼进行识别和定位（参见图 8-5）。

图 8-5　样冲的使用方法

4. 划线步骤

（1）检查并清理毛坯，剔除不合格件，在划线工件的表面涂刷涂料。

（2）正确安放工件，选择划线工具，确定划线基准。

（3）划线：首先划出基准线，再划出其他水平线。然后翻转找正工件，划出垂直线。最后划出斜线、圆、圆弧及曲线等。

（4）根据图样检查所划的线是否正确，然后在正确位置处打出样冲眼。

8.2.2　锯削

1. 锯削特点

锯削是钳工使用手锯切断工件材料、切割成形和在工件上锯槽的工作。锯削具有方便、简单、灵活的特点，但加工精度较低，常需进一步后续加工。

2. 锯削工具

锯削时使用的常用工具是手锯，它由锯弓和锯条两部分组成。

1）锯弓　锯弓用于夹持和拉紧锯条，有固定式和可调式两种。可调式锯弓可以安装不同规格的锯条。

2）锯条　锯条由碳素工具钢淬硬制成，其规格以两端安装孔的中心距表示。常用锯条的长度为 300 mm、宽为 12 mm、厚为 0.8 mm。锯条上有许多细密的单向锯齿，按齿距的大小，锯条种类可分为粗齿、中齿、细齿三种。锯齿分左右错开形成锯路，锯路的作用是使锯缝宽度大于锯条厚度，以减少摩擦阻力防止卡锯，并可以使排屑顺利，提高锯条的工作效率和使用寿命。

3. 锯削操作步骤

1）选择锯条　通常根据材料的软硬和材料的厚度来选择锯条的齿距：锯削软材料或厚工件时，应选用粗齿锯条，锯屑不易堵塞；锯削硬材料或薄工件时，应选用细齿锯条，避免锯齿被薄工件勾住而崩落。

2）安装锯条　安装锯条时，锯齿尖端向前，锯条松紧适中，不能歪斜或扭曲，否则锯削时锯条易折断。

3）装夹工件　工件装夹应牢固，伸出钳口要短，防止锯削时产生振动。

4）锯削操作　锯削操作如图 8-6 所示。起锯时的角度 $\alpha \approx 10° \sim 15°$，锯弓往复行程要短，压力要小，待锯痕深约 2 mm 后，方可将锯弓逐渐调至水平位置进行正常锯削；正常锯削时，左手轻压锯弓前端，右手握锯柄直线推进，返回时锯条不加压从工件上轻轻拉回，同时应尽量使用锯条全长以防局部磨损；工件即将锯断时，锯条的往复行程逐渐缩短，用力要轻，速度要慢。

图 8-6　起锯操作方法

4. 锯削方法示例分析

锯削前应在工件上划出锯削线，划线时应考虑留有锯削后的加工余量。锯削不同的工件，需要采用不同的锯削方法。

1）锯圆管　锯圆管时，为了防止产生崩齿或折断锯条，应在即将被锯穿时将圆管转动一定角度，接着沿原锯缝锯下，如此不断转动，直至锯断。

2）锯扁钢、型钢　锯扁钢、型钢或较厚的工件时，应从大面开始锯削，再逐渐过渡到其他部位，力求锯缝整齐光洁。

3）锯薄板　锯薄板工件时，可用两块方木将薄板夹住，以增加锯削厚度防止卡齿、崩齿或卡断锯条；必要时，也可采用斜向锯削的方法操作。

8.2.3　錾削

1. 錾削工具及用法

1）錾子　錾子全长约 125~150 mm，用工具钢制作后淬火而成。常用錾子有平錾、槽錾和油槽錾三种：平錾用于錾削平面和錾断金属，它的刃宽约为 10~15 mm；槽錾用于开槽，它的刃宽约为 5 mm；油槽錾用于錾削油槽，它的刃口磨成与油槽形状相符的圆弧形。錾子的刃口楔角依所加工材料不同而异，錾削铸铁时为 70°，錾削钢时为 60°，錾削铜、铝时 ≤50°。使用錾子时主要用中指夹紧，手握錾子应松动自如，錾头伸出约 20~25 mm。

2）手锤　手锤的规格用锤头重量表示，常用的手锤规格约为 0.5 kg。手锤锤柄全长约为 300 mm，握锤时锤柄下端露出约 15~30 mm；握持手锤主要靠拇指和食指用力，其余各指放松，仅在向下击打时才用力握紧。

2. 錾削操作

錾削时主要由手腕配合小臂自然挥锤，姿势应便于用力，眼睛应注视錾刃而不是錾尾。起錾时应将錾子握平，以便錾刃切入工件；錾削时錾子应如图 8-7 所示与工件保持适当的夹角，粗錾时的夹角约为 3°~5°，细錾时的角度可以稍大些。当錾削到靠近工件尽头时应调转工件，从另一端开始錾掉剩余的部分。

图 8-7　錾子与工件夹角
（a）粗錾，α 角应小，以免啃入工件；（b）细錾，α 角应大些，以免錾子滑出

3. 錾削实例分析

1）錾平面　錾削平面时，通常应当先用槽錾开槽，相邻两槽之间的距离约为平錾錾刃宽度的 3/4，然后再用平錾錾平。为了易于錾削，平錾錾刃应与前进方向呈 45°角。

2）錾断板料　对于小而薄的板料，可夹持在虎钳上逐一錾断，也可放在平垫铁上按划线錾断。

8.2.4　锉削

锉削用于工件的修整加工，它是最基本的钳工操作之一。锉削加工的操作简单，但加工范围广，操作技艺高，需要长期严格训练才能掌握好。

1. 锉刀的种类

锉刀用碳素工具钢制成，经热处理淬硬后，硬度可达 60~62 HRC。锉刀刀齿的齿纹有

单齿纹和双齿纹两种，如图 8-8 所示：双齿纹锉刀的刀齿交叉排列，锉削时省力且工件光洁，所以大多数锉刀的齿纹制成双齿纹；单齿纹锉刀的刀齿为直线或弧线，一般用于锉削铝、铜等软金属材料。锉刀按用途可分为普通锉、整形锉（什锦锉）和特种锉三种。其中，普通锉按其断面形状可分为平锉、方锉、圆锉、半圆锉和三角锉等五种。锉刀齿的粗细，按每 10 mm 长度内锉面上的齿数，可分为粗齿、中齿、细齿和油光锉等四种，分别用于粗加工、半精加工、精加工和光整加工。

图 8-8　锉刀的齿纹

1—锉面；2—锉边；3—底齿；4—锉刀尾；5—锉刀舌；6—锉刀柄

2. 锉削基本操作

1）锉刀的握法　锉刀的握法如图 8-9 所示。右手紧握锉刀柄，柄端抵住手心，拇指自然伸直，其余四指弯向手心；左手压在锉刀上使之保持平衡，右手推动锉刀前进并控制推动方向。

图 8-9　锉刀的握法

（a）右手握法；（b）大锉刀两手握法；（c）中锉刀两手握法；（d）小锉刀握法

2）锉削力的运用 锉削力有水平推力和垂直压力两种。推力的大小由右手控制，压力则由两手配合同时控制。锉削开始时，左手压力大、右手压力小；在到达锉刀中间位置时，两手压力相等；继续推进，左手压力减小、右手压力加大；锉刀返回时两手不再施力，让锉刀在工件表面轻轻滑回，以免迅速磨钝锉齿和损伤工件。

3. 平面的锉削方法

平面的锉削方法有三种，如图 8-10 所示：顺向锉法按照锉刀轴线的方向进行锉削，可得到平直、光洁的表面，主要用于工件的精锉；交叉锉法以交替的顺序沿两个方向对工件表面进行锉削，因此去屑快、效率高，常用于较大面积工件的粗锉；推锉法按照垂直于锉刀轴线的方向锉削，常用于工件上较窄表面的精锉，以及不能采用顺锉法加工的场合。

图 8-10 平面锉削方法
（a）顺向锉法；（b）交叉锉法；（c）推锉法

4. 锉削注意事项

1）铸铁、锻件的硬皮和砂粒的硬度很高，应采用砂轮磨去或錾去硬皮之后，方可进行锉削。

2）工件应装夹牢固，并略高于虎钳钳口。装夹已加工表面时应垫铜皮，以防损伤工件表面。

3）不可用手触摸刚锉削过的表面，因为手上有油脂，再锉时容易打滑。

4）锉刀齿面被锉屑堵塞时，应当用钢丝刷顺锉纹方向刷去锉屑，切不可用手清理或用口去吹，以防锉屑划伤手指或屑粒飞入眼中伤人。

5）锉削时的速度不能太快，否则齿面会迅速磨损打滑。锉刀较硬较脆，不可摔落地面或充当撬杠使用，以免折断损坏。

5. 锉削平面检查方法

工件锉平之后，可如图 8-11 所示，采用角尺、直尺、刀口尺等各种量具来检查工件的平直度情况。

8.2.5 钻孔、扩孔与铰孔

钻孔是用钻头在工件上加工出通孔或盲孔的操作，多用于装配和修理，也用于攻螺纹前的准备工作。钻孔时，钻头一面旋转作主运动，一面沿轴线移动作进给运动，如图 8-12 所示。钻孔的加工精度较低，表面比较粗糙，所以对于精度要求较高的孔，钻孔之后还应进行扩孔和铰孔加工。

1. 钻床

钻孔时需要使用钻床，常用的钻床有台式钻床、立式钻床和摇臂钻床等。

(d)

图 8-11　锉削平面检查方法

(a) 用角尺检查；(b) 用直尺检查；(c) 用刀口尺检查；(d) 检查结果

图 8-12　钻孔

1）台式钻床　台式钻床如图 8-13 所示，通常是放在钳工工作台上使用，故简称小台钻。小台钻由工作台、立柱、主轴、进给手柄等部分组成，它的重量轻、转速高、操作方便，变换三角皮带在宝塔带轮上的位置即可变换主轴转速，主要用于直径 13 mm 以下的小孔加工。

2）立式钻床　立式钻床如图 8-14 所示，由底座、工作台、立柱、主轴变速箱、进给箱和主轴等组成。立式钻床的规格以其能加工的最大孔径表示，常用的立钻规格有 25 mm、35 mm、40 mm 和 50 mm 等几种。立钻的刚性好、功率大、加工精度较高，主轴既可自动进给又可手动进给，适用于对中、小型工件进行钻孔、扩孔、铰孔、锪孔和攻螺纹等多种加工。

图 8-13　台式钻床

图 8-14　立式钻床

3）摇臂钻床　摇臂钻床如图 8-15 所示，它有一个可沿立柱上下移动同时又可绕立柱 360°旋转的摇臂，摇臂上的主轴箱还能在摇臂上作横向移动，可以方便地将钻头调整到所需的工作坐标位置。摇臂钻床适用于大型工件、复杂工件上的孔组加工。

图 8-15　摇臂钻床
1—立柱；2—主轴箱；3—摇臂；4—主轴；5—工作台；6—底座

4）其他钻削设备　其他钻削设备还有手枪钻、磁吸钻等。手枪钻和磁吸钻的体积小、重量轻、携带方便、使用灵活，常用于不方便使用钻床的场合下钻孔，其中，手枪钻用于直径 $\phi10$ mm 以下的钻孔，磁吸钻用于直径大于 $\phi10$ mm 的钻孔。

2. 钻床夹具

1）钻夹头　钻夹头依靠锥尾上的莫氏外锥面安装在钻床的主轴锥孔内，它的头部有三个自定心夹爪用于夹持直柄钻头，通过紧固扳手可使三个夹爪同步合拢或张开。

2）过渡套　过渡套有莫氏 1#~5# 五种规格，用于装夹锥柄钻头。使用时应根据钻头锥柄规格及钻床主轴内锥孔的锥度来进行合理选择，必要时可用两个以上的钻套作过渡连接。

3）装夹工具　钻床常用的装夹工具有手虎钳、平口虎钳、V 形铁和压板等。薄壁小件用手虎钳夹持；中、小型平整工件用平口虎钳夹持；圆形零件用 V 形铁和弓形架夹持；大工件可用压板和螺栓直接装夹在钻床工作台上；在大批大量生产中广泛地采用钻模钻孔，以提高孔的加工精度和生产效率。

3. 麻花钻头

麻花钻头的结构如图 8-16 所示，由柄部和工作部分组成。麻花钻头的柄部是用于夹持并传递扭矩的部分，当钻孔直径小于 12 mm 时为直柄，钻孔直径大于 12 mm 时为锥柄。

钻头的工作部分包括导向部分和切削部分。导向部分的作用是引导并保持钻削方向，它有两条对称的螺旋槽，作为输送切削液和排屑的通道。在钻头外圆柱面上，沿两条螺旋槽的外缘有狭窄的、略带倒锥度的棱带，切削时棱带与工件孔壁相接触，以保持钻孔方向不偏斜，同时又能减小钻头与工件孔壁的摩擦。切削部分的两条主切削刃担负着主要切削工作，两切削刃的夹角为 118°。为了保证钻孔的加工精度，两条切削刃的长度及两切削刃与轴线

图 8-16 麻花钻的组成部分

的交角均应对称相等，否则将使被钻孔的孔径扩大。图 8-17 所示为两切削刃刃磨不正确时钻孔的情况。

图 8-17 钻头刃磨不正确对加工的影响

(a) 刃磨正确；(b) 顶角不对称；(c) 刀刃长度不对称；(d) 顶角和刀刃长度都不对称

4. 钻孔操作方法

钻孔前，在孔的正确位置处划线，并在圆心和圆周线上打样冲眼；根据工件的孔径尺寸和精度要求，选择合适的钻头，检查钻头的两切削刃是否锋利和对称，必要时进行修磨；装钻头时，先开车检查是否偏摆，必要时停车纠正，然后再进行夹紧。

选择合适的装夹方法装夹工件，然后调整钻床选定主轴的转速。钻大孔时转速应低一些，以免钻头快速磨钝；钻小孔时转速应高些，进给量应小些，以免钻头折断。钻硬材料时的转速应低些，反之转速应高些。

钻孔时的进给速度要均匀，快要钻通时进给量要适当减小，防止损坏钻头。钻韧性材料须使用切削液，钻深孔时钻头须分级进给多次经常退出，以利于排屑和冷却。

当钻削孔径大于 $\phi30$ mm 的大孔时，应当分为两次钻削：先钻 0.4~0.6 倍孔径的小孔，第二次再钻至所需尺寸。精度要求较高的孔要留出加工余量，以便后续精加工。

5. 扩孔

扩孔是通过扩大现有预制孔的孔径、以提高被加工孔的尺寸精度和位置精度的一种切削加工方法，所用的刀具称为扩孔钻。扩孔钻的结构如图 8-18 所示，它与麻花钻相似，但切削部分的顶端是平的，没有钻尖部分；切削刃的数量较多，有 3~4 条螺旋槽，且螺旋槽的深度较浅，钻体粗大结实，切削时不易变形。经扩孔加工后，工件孔的精度可提高到 IT10，表面粗糙度值 Ra 达 6.3 μm，故扩孔可作为孔加工的最后工序，也可作为铰孔前的准备工序。

6. 铰孔

铰孔是孔的精加工方法，铰孔后工件的精度可达 IT8 ~ IT7，表面粗糙度值 Ra 达

图 8-18　扩孔及扩孔钻

（a）扩孔；（b）扩孔钻

1.6 μm。精铰孔的加工余量只有 0.06~0.25 mm，因此铰孔前工件应经过钻孔、扩孔或镗孔等加工。

铰孔所用的刀具称为铰刀，如图 8-19 所示，铰刀有手用铰刀和机用铰刀两种。手用铰刀多为直柄，工作部分较长，可用铰杠夹持直柄尾端的方头进行铰孔；机用铰刀多为锥柄，工作部分较短，可装在钻床、车床上铰孔。铰刀的工作部分由切削部分和修光部分组成：切削部分呈锥形，担负着主要切削工作；修光部分起着导向和修光作用。铰刀通常有 6~12 条切削刃，沿圆周呈不等分排列，各条切削刃的负荷较轻。铰孔时选用的切削速度较低，进给量较小，一般都需要使用切削液。

图 8-19　铰孔和铰刀

（a）铰孔；（b）铰刀

8.2.6　攻丝和套螺纹

1. 攻丝

攻丝是利用丝锥，在预制孔内加工出内螺纹的操作。攻丝前要钻底孔，并在孔口处倒角。钻底孔的直径可查表，或按下列经验公式进行计算。

加工钢料和塑性金属时：

$$钻底孔直径\ D = 螺纹大径\ d - 螺距\ p\quad（mm）$$

加工铸铁和脆性金属时：

$$钻底孔直径\ D = 螺纹大径\ d - 1.1\ 螺距\ p\quad（mm）$$

图 8-20　攻丝操作

1—顺转一圈；2—反转 1/4 圈；3—继续顺转

攻丝操作如图 8-20 所示：攻丝时，用铰杠夹持丝锥中的头锥，将头锥的头部垂直放入孔内，适当加些压力，轻压铰杠旋入 1~2 圈；目测或借助 90°角尺校正丝锥的垂直度后，继续轻压旋入；待切削部分全部进入工件底孔后，不再加压均匀转动丝锥，每转过一圈后反转 1/4 圈进行断屑，直至全深；头锥攻完退出后，用手将二锥、三锥先后旋入，再用铰杠不加压切入，直至加工完毕。

为了延长丝锥的寿命，提高攻丝加工质量，攻丝时应加切削液。攻钢件等塑性材料时，使用机油润滑；攻铸铁等脆性材料时，使用煤油润滑。

2. 套螺纹

套螺纹是用圆板牙在圆柱体工件上加工外螺纹的方法。圆板牙固定在板牙架上，圆板牙的形状像圆螺母，有固定式和开缝式两种形式，均由切削部分、校正部分和排屑孔组成。

套螺纹前，先确定圆棒的直径，在圆棒的端头倒 15°~20° 的斜角，倒角要超过螺牙全深；套螺纹时，板牙端面应与工件轴线垂直，要稍加压力转动板牙架；当板牙已切入圆杆后就不必再施压力，只要均匀旋转。为了断屑也常需要倒转，钢件套螺纹也要加切削液，以提高工件质量和板牙寿命。

8.2.7　刮削与研磨

1. 刮削

刮削是用刮刀在工件表面刮去很薄一层金属层的钳工加工方法。刮削的切削余量小、加工热量小、装夹变形小，能消除机械加工时的残留刀痕，提高工件的表面质量和耐磨性；但同时其劳动强度大、生产效率低，是钳工中的一种精密加工方法，用于重要零件相互配合表面的精密加工及难以进行磨削加工的场合。

刮刀是刮削时使用的刀具，有平面刮刀和曲面刮刀（三角刮刀）两种。平面刮刀用于刮削平面；曲面刮刀用于刮削内曲面。刮削方式有：粗刮、细刮、精刮、刮花等，常见的花纹有三角纹、方块纹和燕子纹等多种。精刮和刮花主要用于精密工具的接触面、基准面和精密导轨面的加工。

刮削加工的质量可采用磨合显示研点的方法来进行检验：在刮削表面上涂以显示剂，用平板、桥式直尺、工字形直尺、角度直尺等检验工具配研，即可显示刮削表面与检验工具表面的接触理想程度。刮研时，常用的显示剂有红丹油和蓝油两种。

2. 研磨

用研磨工具和研磨剂从已加工工件表面磨去一层极薄金属的加工方法称为研磨。研磨可提高零件的耐磨性、疲劳强度和抗腐蚀性，延长零件的使用寿命，既可用于钢、铁、铜等金属材料，也可用于玻璃、水晶等非金属材料。

常用的研磨工具有研磨平板、研磨环、研磨棒等。常用的磨料有氧化铝、碳化硅、人造金刚石等，它们起切削作用；常用的研磨液有机油、煤油、柴油等，它们起调和、冷却、润滑作用，某些研磨剂还起化学作用，从而加速研磨过程。磨料和研磨液合称为研磨剂。在工厂中还使用研磨膏，它是由磨料加入粘结剂和润滑剂调制而成。研磨方法有平面研磨、外圆研磨、内孔研磨等。

8.3 胶接简介

8.3.1 胶接基本知识

胶接是将胶粘剂涂在两个物体的胶接面上，依靠胶粘剂自身的物理、化学特性产生的粘力，将两个物体连接在一起的方法。

1. 胶接的分类

胶接有结构胶接和非结构胶接两种。

1）结构胶接　指能承受和传递较大载荷的胶接方式。

2）非结构胶接　指用于修补、密封、定位等不承受载荷的胶接方式。

2. 胶接的用途

胶接可用于不同材料、不同类型、不同厚度的物体之间的连接，适用范围极其广泛，几乎遍布于整个工业部门。

3. 胶接的优缺点

1）胶接的工艺简单、操作方便、生产成本低。但生产的机械化程度较差。

2）胶接处的表面光滑，应力分布均匀，无应力集中现象。但接头处的力学性能稍差，且耐热性、抗老化性能差，一般不及母材的性能。

3）工艺性能好，操作环境温度低，对母材的力学性能影响不大，且接头处具有绝缘、减振、密封等多种性能。

8.3.2 胶粘剂

1. 胶粘剂的种类及用途

胶粘剂的种类繁多，一般可分为有机胶粘剂和无机胶粘剂两种。

1）有机胶粘剂　有机胶粘剂有天然和人工合成两种。天然胶粘剂是指动物胶和植物胶，动物胶如骨胶、皮胶等，植物胶如松香、淀粉等。人工合成胶粘剂分为热固性树脂胶粘剂和热塑性树脂胶粘剂两类，主要有如下几种。

（1）环氧树脂胶，又称为环氧胶，它是一种热固性树脂胶粘剂。其粘接强度高，工艺性能好，但耐温性能不高。广泛应用于钢、铝合金、铜合金、玻璃钢等材料的粘接。

（2）酚醛树脂胶，它也是一种热固性树脂胶粘剂。其粘接力强，耐热、抗老化性能好，且具有较好的尺寸稳定性。但脆性较大，疲劳强度较差。适用于钢、铝合金、钛合金等材料的粘接。

（3）丙烯酸酯胶，又称为厌氧胶，它是一种热塑性树脂胶粘剂。其粘接强度高，在与空气隔绝的条件下仍能迅速固化。主要用于螺纹的套接、加固和密封，以及法兰面间的密封。

2）无机胶粘剂　无机胶粘剂主要有磷酸盐胶粘剂、硅酸盐胶粘剂、硼酸盐胶粘剂等。

2. 胶粘剂的选用原则

1）胶粘剂必须与配粘母材互融。

2）胶接接头的性能必须满足工艺性能要求。

3）在满足各性能要求的前提下，尽量使胶接工艺简单、方便且经济合理。

8.3.3 胶接接头型式

常用的胶接接头型式见图 8-21 所示。

图 8-21　胶接接头型式

（a）对接；（b）搭接；（c）嵌接；（d）L 型接头；（e）T 型接头；（f）管材接头

8.3.4 胶接工艺

合理的胶接工艺是胶接接头质量的保证，胶接工艺一般如下：

（1）检验待胶接零件的尺寸及精度，并进行预装配。

（2）对被胶接零件表面进行彻底处理。

（3）在两端的胶接表面上涂胶，稍晾干，然后压合装配。

（4）整修清理接头，清除溢出的余胶，并检验胶接的效果。

应当注意：在胶接操作之前，必须对被胶接零件表面进行彻底处理，常用的表面处理方法有清洗脱脂、打磨、化学腐蚀、阳极化处理等。只有确保清洁且具有一定粗糙度的胶接表面，才能保证接头的性能；无论何种接头型式，接头处都必须是面接触，才能保证一定的接头强度。

8.4　钳工装配

装配是将合格零件按照规定的技术要求，组装成部件或机器的生产过程。装配是机器制造的最后阶段，也是最重要的阶段。装配质量的优劣对机器的性能和使用寿命有很大影响。

装配的过程可分为组件装配、部件装配和总装配：组件装配是将若干零件通过连接和固定，成为组件的过程；部件装配是将若干零件和组件通过连接和组合，成为独立机构或部件的过程；总装配是将零件、组件和部件整体连接起来，成为整台机器的操作过程。

8.4.1　紧固件连接

紧固件连接是十分重要的装配方法，主要有螺纹连接、键连接、铆接等。

螺纹连接是机器中最常用的可拆连接，装拆与调整都很方便。用于连接的螺栓、螺母各贴合表面要求平整光洁，螺母的端面应与螺栓轴线垂直。旋拧螺母或螺栓的松紧程度要适中。当紧固四个以上的成组螺栓时，应按图 8-22 所示的拧紧顺序进行操作：先按 1、2、3……9、10 的顺序，将每个螺栓依次拧紧到 1/3 的松紧程度；再按 1/3 的程度重复拧紧一遍；最后按图示顺序依次全部拧紧，这样做才能使各螺栓的受力均匀，不会产生个别螺栓过载现象。

图 8-22　螺栓的拧紧顺序

键连接也属于可拆连接，多用于轴、套类零件的传动中，如图 8-23 所示为平键连接。装配平键时，先选配键和键槽，去除毛刺和洗净加油；再将键轻轻地敲入轴槽内，使之与槽底接触；然后试装轮壳。如果轮壳上的键槽与键的配合过紧，可稍修整键槽，但应注意键侧的配合绝对不能有松动，仅可使平键的顶面与轮槽的底面之间留有间隙。

图 8-23　平键连接

铆接是不可拆连接，多用于板件连接。操作时先在被连接的零件上钻孔，插入铆钉；头部用顶模支持，尾部用手锤击打，或用气动工具冲击铆固，如图 8-24所示。

图 8-24　铆接步骤

8.4.2　轴承装配

1. 滑动轴承装配

滑动轴承分为整体式和对开式两种结构形式，前者称为轴套，后者称为轴瓦。轴承装配之前，应去除轴承孔和轴颈的棱边毛刺，洗净加油。装轴套时，可根据轴套的尺寸和工作位置，用手锤或压力机将轴套轻轻压入轴承座内；装轴瓦时，则应如图 8-25 所示，在轴瓦的对开面上垫木块，然后用手锤轻轻击打，使轴瓦的外圆表面与轴承座孔或轴承盖孔紧密贴合。

图 8-25　滑动轴承装配
（a）直接压入；（b）用导向套压入；（c）用压力机压入

2. 滚动轴承装配

滚动轴承一般也是用手锤或压力机压装，但因传动结构不同而有不同的装配方法。压装时为了使轴承座圈受力均匀，常使用相应结构的芯棒，如图 8-26 所示。若轴承内圈与轴的配合过盈量较大时，可采用热套法装配，先将轴承放在 80 ℃~90 ℃ 的机油中加热，然后再套入轴中。热套法装配的质量较好，应用很广。

图 8-26　滚动轴承装配

（a）压入内圈；（b）压入外圈；（c）用心轴装配外圈

8.5　钳工操作示例

图 8-27 所示小锤头零件的钳工操作步骤如下。

图 8-27　小锤头零件图

（a）锤头；（b）锤头柄

（1）选用毛坯：16 mm×16 mm 的方料和 φ8 的棒料。

（2）制作步骤：如表 8-1 所示。

表 8-1　小锤头制作步骤

序号	操 作 内 容
1	下料，锯 16 mm×16 mm 方料 90 mm 长；φ8mm×220 mm 棒料
2	在上平面 50 mm 右侧錾切 2~2.5 mm 深槽
3	锉四周平面及端面，注意保证各面平直、相邻面的垂直和相对面的平行

续表

序号	操 作 内 容
4	划各加工线
5	锉圆弧面 R3
6	锯割 37 mm 长斜面
7	锉斜面及圆弧 R2
8	锉四面倒角和端面圆弧，并锉榔头柄两端倒角
9	钻 M8 螺纹底孔，锪孔口 C1 倒角锥坑
10	攻 M8 内螺纹
11	套 M8×19 mm 螺杆（榔头柄）的螺纹
12	装配，将榔头柄旋入榔头的螺纹孔中
13	检验

（3）将榔头与榔头柄连接，修整打磨，在侧面用钢印字码打上学号。

8.6　钳工实习安全技术

（1）学生实习时要穿工作服，女同学要戴工作帽。不准穿拖鞋。操作机床严禁戴手套。

（2）不准擅自使用不熟悉的机器和工具。设备使用前要检查，如发现损坏或其他故障时应停止使用并及时报告实习老师处理。

（3）錾削操作时必须带防护眼镜。当钳台两侧同时有人在錾削时要特别注意安全操作，互相照应，防止意外。

（4）清除切屑时要使用刷子，不可用手抹，更不得用嘴吹，防止割伤手指和防止屑末飞入眼睛。

（5）使用电器设备时，必须要有良好的绝缘防护和安全接地措施。并严格遵守操作规程，防止意外触电事故发生。

（6）要做到文明生产（实习），保持工作场地的整洁，使用过的工具、工件、毛坯和原材料应堆放整齐。

复习思考题

一、填空题

（1）钳工是使用_____完成切削加工、装配和修理等工作的工种。

（2）钳工根据图样要求，在毛坯上划出加工位置_____的操作过程，称为划线。

（3）划线既可作为工件装夹及加工的依据，又可通过"_____"尽量挽救废品。

（4）划好线之后，需要在工件上打出_____，作为生产中识别和定位的依据。

（5）锯削时使用的常用工具是手锯，它由_____和_____两部分组成。

（6）锉刀使用_____钢制成，经热处理淬硬后，硬度可达 60~62 HRC。

（7）对于精度要求较高的孔，钻孔之后还应进行_____和_____加工。

（8）锉削平面的方法有_____锉法、_____锉法和_____锉法三种。

（9）常用的钻床有_____钻床、_____钻床和_____钻床等。

（10）钳工常用的錾子有三种，即_____、_____和油槽錾。

（11）手锯是在向前推进时进行切削的，安装锯条时，必须使锯齿尖端朝向_____。

（12）钳工常用的加工内、外螺纹的手工工具有_____和_____。

（13）台虎钳的规格大小，是以台虎钳钳口的_____来表示的。

（14）机器装配的过程可分为_____装配、_____装配和_____装配。

二、计算题

（1）要在一个材料为 45# 钢的工件上攻 M12 的螺纹孔，试计算底孔直径。

（2）要在小锤头上钻 $\phi 10$ mm 的孔，如果用 15M/min 的切削速度，试求出钻头的转速 n 是多少？

三、讨论题（可采用口试方式进行考核）

（1）锯割管子和薄钢板材料时，锯条为什么容易崩齿？应当如何合理操作？

（2）使用砂轮时，要注意哪些安全事项？

（3）划线的作用是什么？常用的划线工具有哪些？

（4）划线后为什么要打样冲眼？打样冲眼的一般规则是什么？

（5）试分析锯削时，锯齿崩断和锯条折断的主要原因是什么。

（6）锉平面时为什么常常会锉成鼓形？应如何克服和改善？

（7）试述麻花钻头、扩孔钻和铰刀的主要区别。

（8）怎样判断麻花钻头的切削部分是否正常？

（9）用直径不同的钻头钻孔时，应如何选择转速和进给量？

（10）如何区别丝锥是头锥、二锥或三锥？

（11）攻螺纹时，应如何保证螺孔的质量？

（12）试用钳工加工方法制作如图 8-28 所示的六角螺母零件。

图 8-28　六角螺母

第**9**章

刨削加工

学习完本章，应该掌握如下内容：

◆ 了解刨削加工的工艺特点及其加工范围。

◆ 能独立掌握牛头刨床的基本操作要领和主要调整方法，能独立操纵牛头刨床。

◆ 掌握在牛头刨床上正确装夹刀具与工件的方法，完成刨削平面与垂直面的加工。

9.1 概　　述

在刨床上使用单刃刀具相对于工件作直线往复运动进行切削加工的方法，称为刨削。刨削是金属切削加工中的常用方法之一，在机床床身导轨、机床镶条等较长较窄零件表面的加工中，刨削仍然占据十分重要的地位。

9.1.1 刨削运动与刨削用量

在牛头刨床上刨削时的刨削运动如图 9-1 所示。刨刀的直线往复运动为主运动，工件的横向间歇移动为进给运动。

1. 刨削速度v_c

刨刀或工件在刨削时的主运动平均速度，称为刨削速度，它的单位为 m/min，其值可按下式计算：

$$v_c = \frac{2nL}{1\,000}$$

式中　L——工作行程长度（mm）；

　　　n——滑枕每分钟的往复次数（次/min）。

2. 进给量f

刨刀每往复一次工件横向移动的距离，称为进给量。它的单位为：mm/往复行程。在 B6065 牛头刨床上的进给量为

$$f = \frac{k}{3} \quad (\text{mm})$$

式中　k——刨刀每往复行程一次，棘轮被拨过的齿数。

图 9-1　刨削运动

3. 刨削深度a_p

刨削深度a_p指已加工面与待加工面之间的垂直距离，它的单位为 mm。

9.1.2 刨削加工范围及工艺特点

1. 刨削加工范围

刨削主要用于加工平面、各种沟槽和成形面等，如图 9-2 所示。

刨平面	刨垂直面	刨阶台	刨直角沟槽
刨斜面	刨燕尾形工件	刨T形槽	刨V形槽
刨曲面	孔内加工	刨齿条	刨复合表面

图 9-2 刨削加工范围

2. 刨削的工艺特点

由于刨削的主运动为直线往复运动，每次换向时都要克服较大的惯性力，刀具切入和切出时都会产生冲击和振动，因此刨削的速度不高。此外，刨刀回程时不参与切削，因此刨削的生产率较低。

刨削特别适合加工较窄、较长的工件表面，此时仍可获得较高的生产率。加之刨床的结构简单，操作简便，刨刀的制造和刃磨都很简单，因此刨削的通用性较好。

刨削加工时，工件的尺寸精度可达 IT10~IT8，表面粗糙度值可达 $Ra6.3~1.6\ \mu m$。

9.2 刨 床

刨床主要分为两大类：牛头刨床和龙门刨床。牛头刨床用于加工长度不超过 1 000 mm

的中、小型工件，龙门刨床主要加工较大型的箱体、支架、床身等零件。

9.2.1　牛头刨床

1. 牛头刨床的型号

按照 GB/T 15375—2008《金属切削机床型号编制方法》，牛头刨床的型号采用规定的字母和数字表示，如 B6065 中字母和数字的含义如下。

B——类别：刨床类；

6——组别：牛头刨床组；

0——系别：普通牛头刨床型；

65——主参数：最大刨削长度的 1/10，即最大刨削长度为 650 mm。

按以前的机床型号表示方法，B6065 牛头刨床的旧型号为 B665，其含义如下。

B——刨床；

6——牛头刨床；

65——最大刨削长度为 650 mm。

2. 牛头刨床的组成

牛头刨床主要由床身、滑枕、刀架、工作台、横梁等部分组成，如图 9-3 所示。

1）床身　床身用来支承和连接刨床的各部件，其顶面的水平导轨供滑枕作往复运动，前端面两侧的垂直导轨供横梁升降，床身内部中空，装有主运动变速机构和摆杆机构。

2）滑枕　滑枕的前端装有刀架，用来带动刀架和刨刀沿床身水平导轨作直线往复运动。滑枕往复运动的快慢，以及滑枕行程的长度和位置，均可根据加工需要进行调整。

3）刀架　刀架用来夹持刨刀，如图 9-4 所示。转动刀架进给手柄，滑板可沿转盘上的

图 9-3　B6065 牛头刨床

1—工作台；2—刀架；3—滑枕；4—床身；5—摆杆机构；
6—变速机构；7—进刀机构；8—横梁；
9—行程位置调整手柄；10—行程长度调整方榫

图 9-4　牛头刨床刀架

1—刀夹；2—抬刀板；3—刀座；4—滑板；
5—刀架进给手柄；6—刻度盘；7—转盘

导轨上下移动，以此调整刨削深度，或在加工垂直面时实现进给运动。松开转盘上的螺母、将转盘扳转一定角度后，可使刀架作斜向进给，完成斜面刨削加工。滑板上还装有可偏转的刀座，合理调整刀座的偏转方向和角度，可以使刨刀在返回行程中绕抬刀板刀座上的 A 轴向上抬起的同时，自动少许离开工件的已加工表面，以减少返程时刀具与工件之间的摩擦。

4）横梁与工作台　牛头刨床的横梁上装有工作台及工作台进给丝杠，丝杠可带动工作台沿床身导轨升降运动。工作台用于装夹工件，可带动工件沿横梁导轨作水平方向的连续移动或作间断进给运动，并可随横梁作上下调整。

3. 牛头刨床的传动系统和调整方法

1）传动系统图　B6065 牛头刨床的传动系统如图 9-5 所示，它的传动路线可用如下框图表示。

图 9-5　B6065 牛头刨床的传动系统图

1—摆杆机构；2—连杆；3—摇杆；4—棘轮；5—棘爪；6—行程位置调整方榫；
7—滑枕锁紧手柄；8—摆臂；9—滑块；10—下支点；11—变速机构

2）牛头刨床的调整方法

（1）滑枕行程长度的调整　牛头刨床工作时滑枕的行程长度，应该比被加工工件的长度大 30~40 mm。调整时，先松开图 9-3 中的行程长度调整方榫 10，然后用摇手柄转动方榫

10 来改变曲柄滑块在摆臂上的位置，使摆臂的摆动幅度随之变化，从而改变滑枕的行程长度。摇手柄顺时针方向转动时，滑枕的行程增大；摇手柄逆时针方向转动时，滑枕的行程缩短。

（2）滑枕行程位置的调整　调整时，松开图9-5中的滑枕锁紧手柄7，用摇手柄转动行程位置调整方榫6，通过一对伞齿轮传动，即可使丝杠旋转，将滑枕移动调整到所需的位置。摇手柄顺时针转动时，滑枕的起始位置向后方移动；反之，滑枕向前方移动。反复几次执行上述两步调整动作，即可将刨刀调整到加工所需的正确位置。

（3）滑枕行程次数的调整　滑枕的行程次数与滑枕的行程长度相结合，决定了滑枕的运动速度，这就是牛头刨床的主运动速度。调整时，可以根据刨床上变速铭牌所示的位置，兼顾考虑滑枕的行程长度来扳动变速手柄，使滑枕获得六挡不同的主运动速度。

（4）棘轮机构的调整　牛头刨床工作台的横向进给运动为间歇运动，它是通过棘轮机构来实现的。棘轮机构的工作原理如图9-6所示：当牛头刨床的滑枕往复运动时，连杆3带动棘爪4相应地往复摆动；棘爪4的下端是一面为直边、另一面为斜面的拨爪，拨爪每摆动一次，便拨动棘轮5带动丝杠转过一定角度，使工作台实现间歇横向进给。由于拨爪的背面是斜面，当它朝反方向摆动时，爪内弹簧被压缩，拨爪从棘轮齿顶滑过，不会带动棘轮转动，所以工作台的横向进给是间歇的。调整棘轮护罩6的缺口位置，使棘轮5所露出的齿数改变，便可调整每次行程的进给量；当提起棘爪转动180°之后放下，棘爪可以拨动棘轮5反转，带动工作台反向进给；当提起棘爪转动90°之后放下，棘爪被卡住空转，与棘轮5脱离接触，进给动作自动停止。

图 9-6　棘轮机构

1、2—齿轮；3—连杆；4—棘爪；5—棘轮；6—护罩

9.2.2　龙门刨床

龙门刨床因有一个"龙门"式的框架而得名，按其结构特点可分为单柱龙门刨床或双柱龙门刨床两种。B2010A 双柱龙门刨床如图9-7所示。

龙门刨床的主运动是工作台（工件）的往复运动，进给运动是刀架（刀具）的横向或垂直间歇移动。

刨削时，横梁上的刀架可在横梁导轨上作横向进给运动，以刨削工件的水平面；立柱上的左、右侧刀架可沿立柱导轨作垂直进给运动，以刨削工件的垂直面；各个刀架均可偏转一定的角度，以刨削工件的各种斜面。龙门刨床的横梁可沿立柱导轨升降，以调整工件和刀具

图 9-7 B2010A 双柱龙门刨床

1—液压安全器；2—左侧刀架进给箱；3—工作台；4—横梁；5—左垂直刀架；

6—左立柱；7—右立柱；8—右垂直刀架；9—悬挂按钮站；10—垂直刀架进给箱；

11—右侧刀架进给箱；12—工作台减速箱；13—右侧刀架；14—床身

的相对位置，适应不同高度工件的刨削加工。

龙门刨床的结构刚性好，切削功率大，适合于加工大型零件上的平面或沟槽，并可同时加工多个中型零件。龙门刨床上加工的工件一般采用压板螺钉装夹，直接将工件压紧在往复运动的工作台面上。

9.3 刨 刀

9.3.1 刨刀的结构特点

刨刀的结构、几何形状均与车刀相似，但由于刨削属于断续切削，刨刀切入时受到较大的冲击力，刀具容易损坏，所以刨刀刀体的横截面一般比车刀大 $1.25 \sim 1.5$ 倍。刨刀的前角 γ_0 比车刀稍小，刀倾角 λ_S 取较大的负值（$-10° \sim -20°$）以增强刀具强度。

刨刀一般做成弯头形式，这是刨刀的又一个显著特点。图 9-8 所示为弯头刨刀和直头刨刀的比较：弯头刨刀的刀尖位于刀具安装平面的后方，

图 9-8 弯头刨刀和直头刨刀
（a）直头刨刀；（b）弯头刨刀

直头刨刀的刀尖位于刀具安装平面的前方。由图 9-8（b）可知：在刨削过程中，当弯头刨刀遇到工件上的硬点使切削力突然变大时，刀杆绕 O 点向后上方产生弹性弯曲变形，使切削深度减小，刀尖不至于啃入工件的已加工表面，加工比较安全；而直头刨刀突然受强力作

用，刀杆绕 O 点向后下方产生弯曲变形，使切削深度进一步增大，刀尖向右下方扎入工件的已加工表面，将会损坏刀刃及已加工表面。

9.3.2　刨刀的种类及用途

常用刨刀的种类很多，按其用途和加工方式不同有：平面刨刀、偏刀、角度偏刀、切刀、弯头切刀等。常见刨刀的形状及应用如图9-9所示。

（a）　　（b）　　　（c）　　　（d）　　　（e）　　　（f）

图9-9　常见刨刀的形状及应用

（a）平面刨刀；（b）偏刀；（c）角度偏刀；（d）切刀；（e）弯切刀；（f）角度切刀

9.3.3　刨刀的装夹

在牛头刨床上装夹刨刀的方法如图9-10所示。刨削水平面时，在装夹刨刀前先松开转盘螺钉，调整转盘对准零线，以便准确地控制吃刀深度；再转动刀架进给手柄，使刀架下端与转盘底侧基本平齐，以增加刀架的刚性，减少刨削中的冲击振动；最后将刨刀插入刀夹内，用扳手拧紧刀夹螺钉将刨刀夹紧。装刀时应注意刀头的伸出量不要太长；刨削斜面时还需要调整刀座偏转一定角度防止回程拖刀，调整方法请参见9.2.1节中的有关叙述。

刀头伸出要短

工作台

图9-10　刨刀的装夹方法

1—工件；2—刀夹；3、4—刀座螺钉；5—刀架进给
手柄；6—转盘对准零线；7—转盘螺钉

9.4　刨削基本操作

9.4.1　工件装夹方法

在刨削加工中，正确合理地装夹工件是比较复杂的工作。刨床上工件的装夹方法有很多，主要有以下几种。

（1）平口虎钳装夹。在牛头刨床上，常采用平口虎钳装夹工件，其操作方法与铣削加工7.4.1节中的有关内容相同。

（2）压板、螺栓装夹。对于大型工件和形状不规则的工件，如果用平口虎钳难以装夹，则可以根据工件的特点和外形尺寸，采用相应的简易工具把工件固定在工作台上直接进行刨削，其装夹方法如图9-11所示。用压板、螺栓固定工件时的注意事项与铣削加工7.4.5节

中的有关内容相同，不再赘述。

图 9-11　在工作台上装夹工件
(a) 用压板螺钉装夹；(b) 用螺钉撑和挡块装夹；
(c) 用长 V 形块装夹；(d) 用弓形夹和角铁装夹

（3）专用夹具装夹。专用夹具是用来完成工件某一工序特定加工内容专门设计制造的高效工艺装备，它既能使装夹过程迅速完成，又能保证工件加工后的正确性，特别适合于批量生产使用。

9.4.2　刨削加工方法

1. 刨平面

粗刨时，采用普通平面刨刀；精刨时，采用较窄的精刨刀，刀尖圆弧半径为 $R3 \sim 5$ mm。刨削深度一般约为 $0.2 \sim 2$ mm，进给量约为 $0.33 \sim 0.66$ mm/往复行程，切削速度约为 $17 \sim 50$ m/min。粗刨时的刨削深度和进给量可取大值，切削速度宜取低值；精刨时的刨削深度和进给量可取小值，切削速度可适当取偏高值。

2. 刨垂直面和斜面

刨垂直面通常采用偏刀刨削，是利用手工操作摇动刀架手柄，使刀具作垂直进给运动来加工垂直平面的，其加工过程如图 9-12 所示。

刨斜面的方法与刨垂直面的方法基本相同，应当按所需斜度将刀架扳转一定的角度，使刀架手柄转动时，刀具沿斜向进给。刨斜面时和刨垂直面时，都要特别注意按图 9-13 所示方位来调整刀座的偏转方向和角度（刨左侧面，向左偏；刨右侧面，向右偏），以防刨刀在返回行程与工件干涉发生重大操作事故。

3. 刨 T 形槽

刨 T 形槽之前，应在工件的端面和顶面划出加工位置线，然后参照图 9-14 所示的步骤，按线进行刨削加工。为了安全起见，刨削 T 形槽时通常都要用螺栓将抬刀板与刀座固连起

图 9-12　刨垂直面的方法

（a）按划线找正；（b）调整刀架垂直进给

图 9-13　刨斜面时刀座的偏转方向

来，使抬刀板在刀具回程时绝对不会抬起来，以避免拉断切刀刀头和损坏工件。

图 9-14　刨削 T 形槽的步骤

（a）刨直槽；（b）刨右侧凹槽；（c）刨左侧凹槽；（d）倒角

9.5 插削和拉削

9.5.1 插削

在插床上用插刀加工工件的方法叫插削。插床实际上是一种立式刨床，它的结构原理与牛头刨床属于同一类型，只是结构上略有区别。插床的外形和组成部分如图 9-15 所示。插削加工时，滑枕带动插刀在铅垂方向作上、下往复直线运动，这就是插削的主运动。插床工作台由下滑板、上滑板及圆形工作台等三部分组成，下滑板作横向进给运动，上滑板作纵向进给运动，圆形工作台可带动工件回转，作周向进给运动。

图 9-15 插床
1—滑枕；2—刀架；3—圆形工作台；4—床身；5—底座

插床主要用于加工工件的内表面，如方孔、长方孔、各种多边形孔、孔内键槽等。由于在插床上加工时，刀具要穿入工件的预制孔内方可进行插削，因此工件的加工部分必须先有一个孔。如果工件原来没有孔，就必须预钻一个直径足够大的孔，才能进行插削加工。在插床上插削方孔如图 9-16 所示，插削孔内键槽如图 9-17 所示。

插床上使用的装夹工具，除牛头刨床上所用的常用装夹工具外，还有三爪自定心卡盘、四爪单动卡盘、插床分度头等。

与牛头刨床相似，插床的生产效率较低，而且需要较熟练的技术工人操作，才能加工出技术要求较高的零件，所以插床通常多用于单件小批生产。

9.5.2 拉削

1. 拉床及拉削特点

拉床的结构简单，一般均采用液压传动，其外形如图 9-18 所示。

图 9-16　插削方孔

图 9-17　插削孔内键槽

图 9-18　拉床

1—压力表；2—液压部件；3—活塞拉杆；4—随动支架；

5—刀架；6—拉刀；7—工件；8—随动刀架

　　在拉床上用拉刀加工工件的方法称为拉削。拉削时，拉刀的直线移动为主运动，加工余量是借助于拉刀上各刀齿的齿升量分层切除的，所以拉刀一次通过工件即可加工完毕，生产效率很高，加工质量较好，工件可达到的加工精度一般为 IT9～IT7，可达到的表面粗糙度值 $Ra1.6～0.4\ \mu m$。但由于一把拉刀只能加工一种尺寸的特定工件表面，且拉刀较昂贵，故拉削加工主要用于大批大量生产。

图 9-19　拉削过程

2. 拉刀

　　拉削时使用的刀具称为拉刀，其切削部分由一系列的刀齿组成，这些刀齿依次增高顺序排列着。拉削过程如图 9-19 所示：当拉刀相对于工件作直线移动时，拉刀上的刀齿渐次通过，每个刀齿从工件上切削一薄层金属；当全部刀齿通过工件后，即完成了工件的加工。

图 9-20 所示为圆孔拉刀，它各部分的名称和作用如下：

图 9-20　圆孔拉刀

（1）柄部　用于将拉刀夹持在机床上，并传递动力。

（2）颈部　颈部是拉刀柄部和过渡锥的连接部分。

（3）过渡锥　颈部与前导部之间的过渡部分，起对准中心作用。

（4）前导部　在切削部进入工件之前起引导作用，防止拉刀歪斜，并可检查拉削之前工件的孔径是否太小，以免拉刀的第一个刀齿因切削余量太大而被损坏。

（5）切削部　担负切削工作，包括粗切齿及精切齿，每个齿都有齿升量，逐齿切去全部加工余量。

（6）校准部　起刮光、校准作用，该部位的刀齿无齿升量，仅用于提高工件表面质量及加工精度。

（7）后导部　保持拉刀最后的正确位置，防止拉刀在即将离开工件时，因工件下垂而损坏已加工表面及刀齿。

（8）支托部　支持拉刀，不使其下垂。

3. 拉削工作范围

在拉床上可以拉削各种型状的通孔，如图 9-21 所示。拉削之前，被加工工件的底孔必

图 9-21　可以拉削的各种型孔

须经过钻、镗等预加工，且被拉削孔的长度一般不超过孔径尺寸的三倍。

被拉削工件的外形应有利于拉削时在拉床上的正确定位，否则应采取必要的工艺措施。例如，如果被拉削工件的孔端面未经切削加工，拉削时则应如图 9-22 所示在端面上加垫球面垫圈，以便使工件孔的轴线自动调整到与拉刀轴线同轴的状态。

图 9-22　用球面垫圈实现自动调心

9.6　刨工实习安全技术

（1）操作者应穿工作服，长头发应压入工作帽内，以防发生人身事故。

（2）多人共同使用一台牛头刨床时，只能一人操作，并应注意他人的安全。

（3）工件和刀具必须装夹牢固，以防发生事故。

（4）调整工作台位置和滑枕行程时，不可超过极限位置，以防发生人身和设备事故。

（5）开动刨床后，不能开机测量工件，不能在滑枕前方站人，防止工件或刀具飞出伤人。

复习思考题

一、填空题

（1）刨削特别适合加工_____工件表面，工件的尺寸精度可达_____，表面粗糙度值一般可达_____。

（2）刨床主要分为两大类：牛头刨床和龙门刨床。牛头刨床用于加工_____工件，龙门刨床用于加工_____等零件。

（3）在牛头刨床上刨削时，_____的直线往复运动为主运动，_____的横向间歇移动为进给运动。

（4）龙门刨床的主运动是_____的往复运动，进给运动是_____的横向或垂直间歇移动。

（5）刨刀的种类很多，按其用途和加工方式不同有：_____刨刀、_____刀、偏刀、切刀、弯头切刀等。

（6）刨床上工件的装夹方法有很多，主要有_____装夹、_____装夹、_____装夹三种。

（7）插床实际上是一种立式刨床。插床主要用于加工工件的_____，如方孔、长方孔、各种多边形孔、孔内键槽等。插床通常多用于_____生产。

（8）在拉床上用拉刀加工工件的方法称为拉削。拉削时_____为主运动，加工余量是借助于拉刀上_____分层切除的。拉刀较昂贵，故拉削加工主要用于大批大量生产。

二、讨论题 （可采用口试方式进行考核）

（1）牛头刨床滑枕往复直线运动的速度是如何变化的？为什么会有这种变化规律？

（2）牛头刨床有哪些组成部分？各部分的作用分别是什么？

（3）刨刀与车刀相比较，有哪些相同之处和不同之处？弯头刨刀有什么优点？

（4）举例说明：刨床上工件的装夹方法有哪几种？

（5）在牛头刨床上刨削垂直面或刨削斜面时，为什么需要将刀座偏转一个角度？正确的偏转方向应当如何确定？

（6）试述拉削工艺的特点及其应用场合。

第 10 章

磨削加工

学习完本章，应该掌握如下内容：
◆ 了解磨削加工的工艺特点及加工范围。
◆ 了解磨床的种类及用途，掌握外圆磨床和平面磨床的操纵方法。
◆ 了解砂轮的特性、砂轮的选择和使用方法。
◆ 掌握在外圆磨床及平面磨床上正确装夹工件的方法，完成磨外圆和磨平面的加工。

10.1 概　　述

在磨床上采用砂轮作为刀具，对工件表面进行切削加工的方法称为磨削加工。磨削加工是零件精加工的主要方法之一。与车、钻、刨、铣等加工方法相比，磨削加工具有以下特点：

（1）在磨削过程中，由于砂轮的磨削速度很高，磨削时产生大量切削热，使磨削温度可达 1 000 ℃以上。为了保证工件的表面质量，在磨削时必须使用大量的切削液。

（2）磨削不仅可以加工一般的金属材料如钢、铸铁，而且还可以加工硬度很高、用切削刀具很难加工、甚至根本无法加工的材料，如淬火钢、硬质合金等。但磨削不能加工铜、铝等较软的有色金属。

（3）磨削加工时，工件的公差等级可达 IT6~IT5，表面粗糙度值可达 $Ra0.8~0.1$ μm。高精度磨削时，工件的公差等级可超过 IT5，表面粗糙度值可达 $Ra0.05$ μm 以下。

（4）磨削加工的背吃刀量较小，故要求零件在磨削之前，先进行半精加工。

磨削加工的范围如图 10-1 所示，利用各种不同类型的磨床可以分别磨削外圆、内孔、平面、沟槽、成形面（齿形、螺纹等），还可以刃磨各种刀具、工具、量具。此外，磨削加工还可用于毛坯的预加工和毛坯清理等粗加工工作。

图 10-1　磨削加工范围

（a）外圆磨削；（b）内圆磨削；（c）平面磨削；

图 10-1　磨削加工范围（续）

(d) 无心磨削；(e) 螺纹磨削；(f) 齿轮磨削

10.2　磨　床

磨床可分为万能外圆磨床、普通外圆磨床、内圆磨床、平面磨床、无心磨床、工具磨床、齿轮磨床和螺纹磨床等多种类型。

10.2.1　平面磨床

平面磨床主要用于磨削工件上的平面。图 10-2 所示为 M7120A 型平面磨床，它主要由床身、工作台、立柱、磨头及砂轮修整器等部分组成。磨床工作台可以由液压缸驱动，作自动往复直线运动，也可以由手轮操纵，作手动纵向进给与调整。磨床工作台上装有电磁吸盘或其他夹具，用以装夹工件。

图 10-2　M7120A 平面磨床

1—驱动工作台手轮；2—磨头；3—滑板；4—横向进给手轮；5—砂轮修整器；
6—立柱；7—行程挡块；8—工作台；9—垂直进给手轮；10—床身

　　磨头（亦称砂轮架）可由液压缸驱动或通过手轮转动实现横向进给，沿滑板的水平导轨作横向进给运动。摇动垂直进给手轮，可以调整磨头在立柱垂直导轨上的高低位置，并可完成垂直方向的进给运动。

10.2.2　外圆磨床

　　外圆磨床分为普通外圆磨床和万能外圆磨床。

1. 万能外圆磨床的组成及其功用

　　图 10-3 所示为 M1432A 万能外圆磨床的外形图。根据《金属切削机床型号编制方法》的规定，机床型号 M1432A 的含义如下。

图 10-3　M1432A 万能外圆磨床

1—床身；2—头架；3—工作台；4—内圆磨具；5—砂轮架；
6—滑鞍；7—尾座；8—脚踏操纵板；9—横向进给手轮

　　M——机床类别代号（磨床类）；

　　1——组别代号（外圆磨床组）；

　　4——型别代号（万能外圆磨床型）；

　　32——主参数代号（最大磨削直径的 1/10）；

　　A——第一次重大改进。

　　万能外圆磨床 M1432A 的最大磨削直径为 320 mm，它的主要组成部分有床身、砂轮架、头架、尾座、工作台、内圆磨头等。

　　床身是磨床的主要支承部件，床身上部装有工作台和砂轮架，床身内部装有液压传动系统。床身上还有纵向导轨和横向导轨，供工作台和砂轮架导向移动。

　　砂轮架用于装夹砂轮，由单独电动机驱动，经皮带传动装置带动砂轮高速旋转。砂轮架可在床身后部的导轨上作横向移动，完成间歇进给、手动进给、快速接近工件、快速退出等操作。如有必要时，砂轮架还可以在水平面内旋转一定的角度。

　　头架的主轴前端装有顶尖、拨盘或卡盘，与尾座套筒内的顶尖配合使用可以装夹工件。头架主轴由单独电动机通过皮带传动变速机构驱动，使工件获得不同的所需转动速度。如有必要时，头架也可在水平面内偏转一定的角度。

磨床的头架与尾座安装在工作台上，工作台靠液压油缸驱动，沿床身的纵向导轨作直线往复运动，使工件实现纵向进给。在工作台前侧面的 T 形槽内装有两个换向行程挡块，调整挡块的位置即可操纵工作台准确换向。工作台分为上下两层，上层可在水平面内偏转一个不大的角度（±8°），以便磨削圆锥面。

内圆磨头是万能外圆磨床用来扩大加工范围的一种专用机床附件，安装在砂轮架的前上方，由单独电动机驱动。平时内圆磨头翻向砂轮架的上方；需要使用时将其翻转放下，在它的主轴上安装内圆磨削砂轮，即可进行内圆表面的磨削。

2. 普通外圆磨床

普通外圆磨床没有配置内圆磨头，头架和砂轮架也不能在水平面内回转角度，其余结构与万能外圆磨床基本相同。在普通外圆磨床上，可以磨削工件的外圆柱面及锥度不大的外圆锥面，但不能磨削内圆表面。

10.2.3 内圆磨床

内圆磨床主要用于磨削内圆柱面、内圆锥面及端面等。M2120 型内圆磨床如图 10-4 所示，它主要由床身、工作台、头架、磨具架、砂轮修整器等部分组成。在磨削锥孔时，头架可以在水平面内偏转一个角度。内圆磨床的磨削运动与外圆磨床相同。

图 10-4　M2120 内圆磨床

1—床身；2—头架；3—砂轮修整器；4—砂轮；5—磨具架；
6—工作台；7—磨具架操纵手轮；8—工作台操纵手轮

10.3　砂　轮

10.3.1　砂轮的基本组成要素

砂轮是磨削的主要刃具，它由一定粒度的磨料和结合剂以适当比例混合后，经压制成型晾干，再经烧结而成。图 10-5 所示为砂轮的结构及磨削示意图，图中可以看出，磨粒、结合剂、气孔是砂轮的三个基本组成要素。磨削时高速旋转的磨粒相当于刀具的切削刃，在待加工表面上切下许多细小的金属微粒切屑；结合剂使各磨粒的位置固定，起支持磨粒的作用；气孔给磨削过程提供了必要的容屑空间，有助于排除切屑使磨削过程得以连续正常进行。

10.3.2 砂轮的特性参数及其选择

砂轮的特性由磨料、粒度、结合剂、硬度、组织等 5 个参数决定，如表 10-1所示。砂轮的特性参数对磨削加工的精度、工件表面粗糙度和生产效率有重大影响，因此必须根据具体条件选用合适的砂轮。

图 10-5　砂轮的结构及磨削示意图
1—磨粒；2—结合剂；3—加工表面；4—气孔；
5—待加工表面；6—砂轮；7—已加工表面；8—工件

表 10-1　砂轮的三个基本要素和五个特性参数

系别	名称	代号	颜色	性　能	适用范围
氧化物	棕刚玉	A	棕褐色	硬度较低，韧性较好	磨削碳素钢、合金钢、可锻铸铁与青铜
	白刚玉	WA	白色	较A硬度高，磨粒锋利，韧性差	磨削淬硬的高碳钢、合金钢、高速钢、磨削薄壁、成形零件
	铬刚玉	PA	玫瑰红色	韧性比WA好	磨削高速钢、不锈钢、成型磨削、高表面质量磨削
碳化物	黑碳化硅	C	黑色带光泽	比钢玉类硬度高，导热性好，但韧性差	磨削铸铁、黄铜、耐火材料及其他非金属材料
	绿碳化硅	GC	绿色带光泽	较C硬度高，导热性好，韧性较差	磨削硬质合金、宝石、光学玻璃
	碳化硼	BC	黑色	比刚玉、C、GC都硬、耐磨、高温易氧化	研磨硬质合金
超硬磨料	人造金钢石	MBD	白、淡绿、黑色	硬度最高，耐热性较差	研磨硬质合金、光学玻璃、宝石、陶瓷等高硬度材料
	立方氮化硼	CBN	棕黑色	硬度仅次于MBD，韧性较MBD好	磨削高性能高速钢、不锈钢、耐热钢及其他难加工材料

类别	粒　度　号	适用范围
磨粒	$8^\#$　$10^\#$　$12^\#$　$14^\#$　$16^\#$　$20^\#$　$22^\#$　$24^\#$	荒磨
	$30^\#$　$36^\#$　$40^\#$　$46^\#$	一般磨削。加工表面粗糙度值可达 $Ra0.8\ \mu m$
	$54^\#$　$60^\#$　$70^\#$　$80^\#$　$90^\#$　$100^\#$	半精磨、精磨和成型磨削。加工表面粗糙度值可达 $Ra\ 0.8\sim0.16\ \mu m$
	$120^\#$　$150^\#$　$80^\#$　$220^\#$　$240^\#$	精磨、精密磨、超精磨、成型磨、刀具刃磨、珩磨
微粉	W60　W50　W40　W28	精磨、精密磨、超精磨、珩磨、螺纹磨
	W20 W14 W10 W7 W5 W3.5 W2.5 W1.5 W1.0 W0.5	超精密磨、镜面磨、精研。加工表面粗糙度值可达 $Ra\ 0.05\sim0.012\ \mu m$

名称	代号	特　性	适用范围
陶瓷	V	耐热、耐油和耐酸、碱的侵蚀，强度较高、较脆	除薄片砂轮外，能制成各种砂轮
树脂	B	强度高，富有弹性，具有一定抛光作用，耐热性差，不耐酸碱	荒磨砂轮、磨窄槽及切断用砂轮、高速砂轮，镜面磨砂轮
橡胶	R	强度高，弹性更好，抛光作用好，耐热性差，不耐油和酸，易堵塞	磨削轴承沟道砂轮，无心磨导轮，切割薄片砂轮，抛光砂轮

等级	超软		软			中软		中		中硬			硬		超硬
代号	D	E	F	G	H	J	K	L	M	N	P	Q	R	S	T		Y
选择	磨未淬硬钢选用L~N，磨淬火合金钢选用H~K，高表面质量磨削时选用K~L，磨硬质合金刀具选用H~J

组织号	0	1	2	3	4	5	6	7	8	9	10	11	12	13	14
磨粒率(%)	62	60	58	56	54	52	50	48	46	44	42	40	38	36	34
用途	成形磨削、精密磨削			磨削淬火钢、刀具刀磨			磨削韧性大而硬度不高的材料			磨削热敏感性大的材料和					

(左侧括号标注：砂轮 — 磨粒 {磨料、粒度}、结合剂、气孔 {硬度、组织}；氧化物、碳化物、超硬磨料)

1. 磨料

磨料是指制造砂轮的主要原料的成份，它担负着切削工作，因此磨料必须具有较高的硬度、良好的耐热性和一定的韧性。常用磨料有：氧化铝（刚玉类）、碳化硅、立方氮化硼和人造金刚石等，其分类代号、性能及选用范围如表 10-1 所示。在机械切削加工中，刚玉类适用于磨削钢料；碳化硅类适用于磨削硬质合金刀具，以及铸铁、青铜等脆性材料。

2. 粒度

粒度是指磨料颗粒的大小。粒度的表示方法分为磨粒与微粉两种：磨粒用筛选法分类，它的粒度号以筛网上每平方英寸范围内的孔眼数来表示。例如 60# 粒度的磨粒，说明它能通过每平方英寸有 60 个孔眼的筛网，而不能通过每平方英寸有 70 个孔眼的筛网；微粉用显微测量法分类，它的微粉号以磨料的实际尺寸来表示。

磨料的粒度直接影响磨削的生产率和磨削质量。粗磨时的加工余量大、磨削用量大，应选用粗砂轮；磨削软材料时，为了防止砂轮堵塞和产生烧伤，也应选用粗砂轮；精磨时，为了获得较小的表面粗糙度值和保持砂轮的轮廓精度，应该选用细砂轮。

3. 结合剂

砂轮中用以黏结磨料的物质称为结合剂。砂轮的强度、抗冲击性、耐热性以及抗腐蚀能力主要取决于结合剂的性能。砂轮中常用的结合剂为陶瓷结合剂，此外还有树脂结合剂、橡胶结合剂和金属结合剂等。结合剂的种类、代号、特性及用途如表 10-1 所示。

4. 硬度

砂轮硬度和磨料硬度是两个完全不同的概念，因为无论是氧化铝还是碳化硅，磨料自身的硬度都远远高于被加工工件的硬度。所以，砂轮硬度不是指磨料的硬度，而是指砂轮表面上的磨粒在磨削力作用下从砂轮表面脱落的难易程度。砂轮硬度较软，表示砂轮的磨粒容易脱落；砂轮硬度较硬，表示磨粒较难脱落。同一种磨料可以做成不同硬度的砂轮，它取决于结合剂的性能、配比以及砂轮的制造工艺。就本质而言，砂轮的硬度代表了砂轮的自锐性；选择砂轮的硬度，实际上就是选择砂轮的自锐性，使钝化的磨粒能够及时脱落，以求保持砂轮的锐利。砂轮的硬度等级代号，参见表 10-1 所示。

选择砂轮硬度的一般原则是：磨软金属时，砂轮的磨粒磨损很慢，为了使磨粒不致过早脱落，需要选用硬砂轮；磨硬金属时，因为高硬度工件对砂轮磨粒的磨损较快，为了使被磨钝的磨粒能够及时脱落而露出新的尖锐棱角磨粒（即自锐性），需要选用软砂轮。精磨时，为了保证磨削精度和粗糙度，应选用稍硬的砂轮；工件材料的导热性较差时，以及磨削硬质合金等工件容易产生烧伤和裂纹时，应选用软一些的砂轮。

简单地说，选择砂轮硬度的原则是：磨软材料时，选硬砂轮；磨硬材料时，选软砂轮。粗磨选软砂轮；精磨选较硬砂轮。通常情况下，粗磨比精磨选低 1~2 级硬度。

5. 组织

根据磨粒在砂轮总体中所占的比例，砂轮组织分为三大类，见表 10-1 所示。磨粒所占的比例越小，气孔就越多，砂轮就愈疏松。气孔可以容纳切屑，使砂轮不易堵塞，还可以把切削液带入磨削区，降低磨削温度。但砂轮的组织过于疏松，会影响砂轮的强度。选用砂轮组织的原则是：粗磨时，选用较疏松的砂轮；精磨时，选用较紧密的砂轮，一般选 7~9 级。

10.3.3　砂轮的形状与代号

生产中，在砂轮端面的明显部位，标注了砂轮的特性参数与形状代号，以明确表示砂轮的磨料、粒度、硬度、结合剂、组织、形状、尺寸，以及允许使用的最高线速度。例如：WA60KV6P　300×30×75，即表示砂轮的磨料为白刚玉（WA），粒度为 60#，硬度为中软

（K），结合剂为陶瓷（V），组织号为 6 号，形状为平形砂轮（P），尺寸外径为 300 mm，厚度为 30 mm，内径为 75 mm。

常用砂轮的形状、代号及其用途，可参考表 10-2。

表 10-2 常用砂轮的形状、代号及其用途

砂轮名称	代号	断面简图	基本用途
平形砂轮	P		根据不同尺寸，分别用于外圆磨、内圆磨、平面磨、无心磨、工具磨和砂轮机上
双斜边一号砂轮	PSX1		主要用于磨齿轮齿面和磨单线螺纹
双面凹砂轮	PSA		主要用于外圆磨削和刃磨工具，还用作无心磨的磨轮和导轮
薄片砂轮	PB		主要用于切断和开槽等
筒形砂轮	N		用于立式平面磨床上
杯形砂轮	B		主要用其端面刃磨刀具，也可用其圆周磨平面和内孔
碗形砂轮	BW		通常用于刃磨刀具，磨机床导轨
蝶形一号砂轮	D1		适于磨铣刀、铰刀、拉刀等，大尺寸的一般用于磨齿轮的齿面
杯形砂轮	B		主要用其端面刃磨刀具，也可用其圆周磨平面和内孔
碗形砂轮	BW		通常用于刃磨刀具，磨机床导轨
碟形一号砂轮	D1		适于磨铣刀、铰刀、拉刀等，大尺寸的一般用于磨齿轮的齿面

10.3.4　砂轮的检查、平衡和修整

　　磨削时砂轮的线速度高达 35 米/秒，为了工作安全起见，装夹砂轮之前必须经过外观检查，不能有裂纹、缺损等缺陷。

　　装夹砂轮时，应将砂轮松紧适中地套在砂轮轴上，在砂轮和法兰盘之间加垫 1~2 mm 厚的皮革或橡胶弹性垫板，然后用螺母紧固，如图 10-6 所示。

　　为了让砂轮能够平稳工作，砂轮须经静平衡。砂轮静平衡的过程如图 10-7 所示：将砂轮在心轴上装好，然后放到平衡架的轨道刀口上；如果砂轮存在不平衡质量，较重的部分总会转到下方停止，这时可移动法兰盘端面环槽内的平衡铁进行平衡，然后再进行检查；如此反复进行，直到砂轮可以在平衡架的轨道刀口上任意位置都随机静止，这就说明砂轮各部位的重量均匀。这种方法叫做静平衡，直径大于 125 mm 的砂轮都应进行静平衡。

图 10-6　砂轮的装夹

图 10-7　砂轮的静平衡
1—砂轮套筒；2—芯轴；3—砂轮；
4—平衡铁；5—平衡轨道；6—平衡架

　　砂轮工作一定时间以后，磨粒逐渐钝化，砂轮表面的孔隙被堵塞，这时须用金刚笔进行修整，使已磨钝的磨粒脱落，以恢复砂轮的切削能力和外形精度。砂轮用金刚笔进行修整时需要使用大量的冷却液，以避免金刚笔因温度骤升而发生破裂。

10.4　工件的装夹

10.4.1　平面磨削时的工件装夹

　　磨平面时，一般是以一个平面为基准，磨削另一个平面。若两个平面都要磨削且平行度要求较高时，则可以互为基准，反复磨削，加工成活。

　　磨削中小型工件的平面，常采用电磁吸盘工作台吸住工件。电磁吸盘工作台的工作原理如图 10-8 所示。1 为钢制吸盘体，在它中部凸起的钢制芯体 A 上绕有线圈 2，钢制盖板 3 被绝缘层 4 隔成一些小块。当线圈 2 中通过直流电时，芯体 A 被磁化，磁力线如图中虚线所示由芯体 A 经过盖板 3—工件—盖板 3—吸盘体 1—芯体 A 而形成闭合回路，工件被磁力线牢牢吸住。电磁吸盘工作台上还有绝磁层，绝磁层由铅、铜或巴氏合金等非磁性材料制成。它

的作用是使绝大部分磁力线都能通过工件再回到吸盘体，而不能通过盖板直接回去，这样才能保证工件被牢固地吸在工作台上。

当磨削键、垫圈、薄壁套等尺寸较小而壁厚较薄的零件时，因零件与工作台的接触面积小，电磁吸力弱，容易被磨削力弹出去而造成事故，因此装夹这类零件时，须在工件四周或前后两端用挡铁围住，以免磨削时工件走动，如图10-9所示。

图 10-8　电磁吸盘工作台的工作原理

1—吸盘体（A 为芯体）；2—线圈；
3—盖板；4—绝缘层

图 10-9　用挡铁围住工件

10.4.2　外圆磨削时的工件装夹

1. 顶尖装夹

轴类零件磨削外圆时，常用顶尖装夹。装夹时，工件被夹持在两顶尖之间（见图10-10），其装夹方法与车削中所用的方法基本相同。但磨床所用的顶尖都是不随工件移动的死顶尖，这样做可以提高加工精度，避免了由于活动顶尖转动而带来的误差；尾顶尖是靠弹簧推力顶紧工件的，这样就可以自动控制松紧程度。

图 10 10　用顶尖装夹工件

1—鸡心夹头；2—拨杆；3—后顶尖；4—尾架套筒；5—头架主轴；6—前顶尖；7—拨盘

外圆磨削前，工件的中心孔均要进行修研，以提高其几何形状精度和减小表面粗糙度值。修研中心孔的方法是采用四棱硬质合金顶尖，在车床或钻床上进行挤研、研光即可；当中心孔较大、修研精度较高时，必须选用油石顶尖修研中心孔；或选用铸铁顶尖作为前顶尖、普通顶尖作为后顶尖。修研时，头架旋转，用手握住工件使其不旋转；研好一端之后再研另一端，如图10-11所示。

图 10-11　用油石顶尖修研中心孔

1—油石顶尖；2—工件；3—后顶尖

2. 卡盘装夹

在磨床上，使用卡盘装夹工件的方法与车床操作基本相似。卡盘有三爪自定心卡盘、四爪单动卡盘和花盘三种，对于零件上没有中心孔的圆柱形工件，通常采用三爪自定心卡盘装夹；对于具有不对称结构要素的复杂工件，通常采用四爪单动卡盘装夹；对于形状不规则的扁平工件，可以采用花盘装夹。

3. 心轴装夹

盘套类空心工件磨削外圆时，常以内孔定位，采用心轴来装夹工件。常用的心轴种类与车床类似。使用心轴装夹时，心轴必须和卡箍、拨盘等传动装置配合使用，其装夹方法与车床上使用顶尖装夹相同。

10.4.3　内圆磨削时的工件装夹

内圆磨削时，大多数情况下是以工件的外圆和端面作为定位基准的，通常采用三爪自定心卡盘、四爪单动卡盘、花盘、弯板等夹具来装夹工件。其中最常用的方法，是使用四爪单动卡盘通过找正装夹工件。

10.5　磨削基本操作

10.5.1　平面磨削操作

平面磨削操作方法有两种：一种是在卧轴矩台式平面磨床上用砂轮的周边进行磨削，称为周磨法（图 10-12（a））；另一种是在立轴圆台式平面磨床上用砂轮的端面进行磨削，称为端磨法（图 10-12（b））。

图 10-12　平面磨削的方法

（a）周磨法；（b）端磨法

1、5—工件；2—砂轮；3、6—冷却液管；4—砂轮周边；7—砂轮轴；8—砂轮端面

周磨法加工时，主要是采用砂轮的圆周来磨削工件的平面。由于砂轮与工件的接触面积小，排屑及冷却条件良好，工件的发热量较少，因此适宜用于磨削易产生翘曲变形的薄板工件，且能够获得较好的加工质量；但因为矩台式磨床有工作台换向的时间损失，故周磨法磨

削的生产效率较低，适合用于精磨加工，以及较长工件的磨削加工。

端磨法加工时，主要是采用砂轮的端面来磨削工件的平面。它与用轮缘磨削的周磨法相比，由于端磨法使用的砂轮直径往往比较大，磨削时的工作面积较大，能够同时磨出工件的全宽；端磨时砂轮主轴的伸出长度较短，磨削时主要是承受轴向力，因此磨床主轴的刚性较好，可以采用较大的磨削用量；此外，圆台式磨床采用的是连续进给方式，不存在工作台换向的时间损失等，所以端磨法的生产效率较高。但端磨法磨削时，砂轮的端面和工件呈弧形线接触或面接触，冷却液不易进入磨削区，磨屑也不易排除，所以加工后所得工件的精度和质量较低，故适合用于粗磨加工，以及磨削小零件和大直径的环形零件端面。

当磨床的台面为矩形工作台时，磨削工作由砂轮的旋转运动（主运动）和砂轮的垂直进给、工件的纵向进给、砂轮的横向进给等运动来完成；当磨床的台面为圆形工作台时，磨削工作由砂轮的旋转运动（主运动）和砂轮的垂直进给、工作台的旋转等运动来完成。

10.5.2 外圆磨削

1. 磨削运动

在外圆磨床上磨削外圆，需要下列几种运动。

（1）主运动——磨床主轴带动砂轮作高速旋转运动。

（2）工件圆周进给运动——磨床头架带动工件绕工件自身轴线作慢速旋转运动。

（3）工件纵向进给运动——磨床工作台带动工件沿工件轴线作往复运动。

（4）砂轮横向进给运动——砂轮架带动主轴与砂轮，沿工件的径向作周期性切入进给运动。该运动在磨削过程中一般是不进给的，而是在纵向进给运动行程终了时进行。

2. 磨削用量

1）砂轮圆周速度$v_轮$　砂轮圆周速度是指砂轮外圆上任一点砂粒在单位时间内所走的距离。一般外圆磨削时，$v_轮 = 30\sim50$ m/s。如 M1432A 万能外圆磨床的新砂轮外径为 400 mm，如果转速为 1 660 r/min，则此时$v_轮$为 35 m/s。

2）工件圆周速度$v_工$　通常情况下，$v_工 = 13\sim26$ m/min。粗磨时 $v_工$ 取大值，精磨时 $v_工$ 取小值。

3）纵向进给量$f_纵$　通常情况下，$f_纵 =（0.2\sim0.8）B$。B 为砂轮宽度，粗磨时取大值，精磨时取小值。

4）横向进给量$f_横$　磨削时的横向进给量很小，一般$f_横 = 0.005\sim0.05$ mm。

3. 磨削方法

在外圆磨床上磨削外圆，常用纵磨法和横磨法两种方法，其中以纵磨法使用普遍。

1）纵磨法　纵磨法如图 10-13 所示，磨削时工件转动（圆周进给），工作台直线往复运动（纵向进给）；当每一纵向行程或往复行程终了时，砂轮按规定的吃刀深度作一次横向进给运动，每次磨削深度很小；当加工到接近工件最终尺寸时（留下 0.005~0.01 mm），无进给空刀光磨几次，至火花消失即可。纵磨法的特点是，可以用同一砂轮磨削不同长度的各种工件，且加工质量好，但磨削效率较低。纵磨法在生产中应用最广，特别是在单件、小批生产以及精磨时均采用这种方法。

2）横磨法　横磨法又称径向磨削法或切入磨削法，如图 10-14 所示，磨削时工件无纵向进给运动，高速旋转的砂轮以很慢的速度连续地或断续地向工件作横向进给运动，直至把

图 10-13　纵磨法磨外圆

磨削余量全部磨掉为止。横磨法的特点是生产效率高，但精度较低且表面粗糙度值较大，适合于磨削长度较短的外圆表面及两侧都有台阶的轴颈表面。

图 10-14　横磨法磨外圆

10.5.3　内圆磨削

在生产中，内圆磨削是精加工孔的主要方法之一；特别是淬硬工件的高精度内孔加工时，内圆磨削是该类零件精加工孔的最主要方法。

内圆磨削与外圆磨削的条件相比，由于砂轮直径受工件孔径限制不可能太大，而砂轮杆的悬伸长度却较长，刚性较差，磨削用量不能提高，所以生产率较低；又由于砂轮直径受到工件孔径的限制圆周线速度较低，孔内加工的冷却排屑条件不好，所以表面粗糙度不易提高。内圆磨削时，应尽可能选用较大直径的砂轮和砂轮轴，同时应尽可能缩短砂轮轴的伸出长度，以提高生产率和加工精度。

1. 磨削运动

内圆磨削时所需的运动如图 10-15 所示，内圆磨削时砂轮的旋转方向与外圆磨削时砂轮的旋转方向刚好相反，其余情况与外圆磨削时基本相同。

2. 磨削用量

1）砂轮圆周速度 $v_{轮}$　内圆磨削时，由于砂轮的直径较小，内圆磨头的转速一般都很高，约为 20 000 r/min 左右，以便使磨削速度尽可能提高一些。（通常 $v_{轮}=15\sim25$ m/s）。

2）工件圆周速度 $v_{工}$　一般 $v_{工}=15\sim25$ m/min。粗糙度要求较高时，应取较小值；粗磨或砂轮与工件的接触面积大时，应取较大值。

3）纵向进给速度 $f_{纵}$　磨内圆时，工作台的 $f_{纵}$ 应比磨外圆时稍大些，一般粗磨时 $f_{纵}=1.5\sim2.5$ m/min；精磨时 $f_{纵}=0.5\sim1.5$ m/min。

图 10-15　内圆磨削时所需的运动

4）横向进给量 $f_{横}$　粗磨时 $f_{横} = (0.01 \sim 0.03)$ mm，精磨时 $f_{横} = (0.002 \sim 0.01)$ mm。

3. 磨削方法

内圆磨削通常是在内圆磨床或万能外圆磨床上进行。磨削时，砂轮与工件的接触方式有两种：一种是后面接触（图 10-16（a）），另一种是前面接触（图 10-16（b））。在内圆磨床上常采用后面接触方式；在万能外圆磨床上常采用前面接触方式。内圆磨削的方法有纵磨法和横磨法，其操作方法和特点与外圆磨削相似，纵磨法的应用较为广泛。

图 10-16　砂轮与工件的接触方式
（a）后面接触；（b）前面接触

10.5.4　圆锥面的磨削

1. 圆锥面的磨削方法

圆锥面磨削时，通常采用下列两种方法。

1）转动工作台法　这种方法多用于锥度较小、锥面较长的工件。

2）转动头架法　这种方法常用于锥度较大、锥面较短的工件。

2. 圆锥面的检验

1）锥度的检验　圆锥量规是检验锥度最常用的量具。圆锥量规分为圆锥塞规（图 10-17（a）、（b））和圆锥套规（图 10-17（c））两种。圆锥塞规用于检验内锥孔，圆锥套规用于检验外锥体。

使用圆锥塞规检验内锥孔的锥度时，可以先在塞规的整个圆锥表面上或顺着锥体的三条母线上均匀地涂一层极薄的显示剂（红丹粉或兰油），接着把塞规插入锥孔内在 30°~60° 范围内轻轻地来回转动几次，然后取出塞规察看，如果整个圆锥表面上的摩擦痕迹均匀，则说明工件的锥度准确，否则不准确，需继续调整机床使锥度准确为止。

使用圆锥套规检验外锥体的方法与上述相同，只不过显示剂应涂在工件上。

2）尺寸的检验　圆锥面的尺寸也采用圆锥量规进行检验：外锥面通常是通过检验小端直径来控制锥面的尺寸，内锥孔是通过检验大端直径来控制锥孔的尺寸。根据圆锥尺寸公差，在圆锥量规的大端或小端处，刻有两条圆周线或作有小台阶（参见图 10-19）来表示量规的止端和过端，分别用于控制圆锥的最大极限尺寸和最小极限尺寸。

用圆锥塞规检验内锥孔的尺寸时，如果出现图 10-18 （a）的情形，说明锥度尺寸符合要求；如果出现图 10-18 （b）的情形，说明锥孔尺寸太小，需要继续磨去一些；如果出现图 10-18 （c）的情形，说明锥孔尺寸太大，已经超过公差范围。

图 10-17　圆锥量规
（a）、（b）圆锥塞规；（c）圆锥套规

图 10-18　内锥孔的检验
（a）锥度尺寸符合要求；（b）锥度尺寸太小；（c）锥度尺寸太大

用圆锥套规检验外锥体尺寸的方法与上述操作类似，可以参考使用。

10.6　其他磨削方法简介

10.6.1　无心外圆磨削

无心外圆磨削是指在无心外圆磨床上，工件不装夹直接放置在砂轮与导轮之间，由托板和导轮支撑，以工件被磨削的外圆表面本身作为定位基准面，进行磨削工件外圆的磨削方法。

无心外圆磨床的工作原理如图 10-19 所示。磨削时，工件的轴线略高于砂轮与导轮的中心连线，工件受重力作用自动落在转动的导轮和砂轮上，橡胶结合剂的导轮带动工件作低速旋转（$v_w = 0.2 \sim 0.5$ m/s），高速旋转的砂轮对工件进行外圆磨削。

由于导轮的轴线与工件的轴线不平行，相互倾斜一个角度 α（$\alpha = 1° \sim 4°$），因此导轮旋转时的线速度 v_r 可以分解为两个分量，其中一个分量垂直于工件的轴线、使工件产生旋转运动，而另一个分量则平行于工件的轴线、使工件作轴向进给运动。可见，无心外圆磨削时工件是一边绕自身轴线转动，一边被砂轮磨削除去外圆表面的多余金属，一边作轴向进给运动，从而完成整个外圆的磨削工作。

无心外圆磨削的生产效率很高，主要用于成批及大量生产中磨削细长轴和无中心孔的短轴等工件。无心外圆磨削时的工件精度可达 IT6～IT5 级，磨削后的工件表面粗糙度值 Ra 可达 $0.8 \sim 0.2$ μm。

图 10-19　无心外圆磨床
1—托板；2—工件；3—导轮；4—砂轮

10.6.2　高效磨削

高效磨削包括高速磨削和强力磨削等先进磨削工艺方法。采用高效磨削，可以大大提高生产效率，扩大磨削加工的范围。

1. 高速磨削

普通磨削时的线速度一般在 35 m/s 以下，如果砂轮的线速度在 45 m/s 以上进行磨削，则称为高速磨削，它是近代磨削技术发展的一种新工艺。高速磨削具有下列优点。

（1）磨削效率大大提高　砂轮的线速度提高后，单位时间内通过磨削区域参与切削的磨粒数大大增加，如果假设每颗磨粒切除的金属微粒保持切削厚度与普通磨削时相同，则进给量可以大大提高，在磨削相同余量的情况下，磨削所用的机动时间可以大大缩短。

（2）砂轮的耐用度提高　砂轮线速度提高后，如果进给量仍与普通磨削相同，则每颗磨粒切去的切削厚度减少，磨粒切削刃上承受的切削负荷也就减少，使每颗磨粒的切削能力相对提高，从而使每次修整后的砂轮可以磨去更多的金属，提高了砂轮的耐用度。

（3）工件的表面质量提高　随着砂轮线速度加快，每颗磨粒切去的切削厚度变薄，磨粒通过磨削区域时，留在工件表面上的切痕深度变浅，因而工件的表面粗糙度参数值减小。另外，由于切削厚度变薄，磨粒作用在工件上的法向磨削力相应减小，可以提高工件的加工精度。

在生产中，实现高速磨削的工艺条件是：

（1）提高砂轮的结合强度。

（2）磨床的高速旋转部件必须作动平衡试验。

（3）机床的动刚度要好，电动机的功率要适当加大。

（4）磨床的冷却效果和安全措施要良好。

2. 强力磨削

强力磨削也称缓进给磨削，它是 20 世纪 60 年代出现的一种新型高效磨削方法。强力磨削的出现，使铸件、锻件毛坯可以不经过其他切削加工，而能够直接磨削加工成零件图纸所要求的形状和尺寸。强力磨削的特点如下。

（1）生产效率高　强力磨削时，砂轮的径向进给量大大增加，一般可达几毫米至十几毫米（最大可达 30 mm），而轴向进给速度很低，仅为 10～300 mm/min，因此，砂轮和工件的接触弧长增大，单位时间内参加切削的磨粒数大大增多，因而生产效率大大提高。目前，强力磨削的金属切除率最高可达 340 kg/h，超过了铣削、刨削等加工方法的效率。

（2）磨削工艺范围扩大　强力磨削时，由于径向进给量很大，可以将铣、刨、磨等几道工序合并为一道工序，使毛坯加工能一次成型，对磨削一些高硬度合金材料和韧性强的材料，如耐热合金、不锈钢、高速钢等的成型表面加工，具有突出的技术经济效果。

（3）工件表面质量提高　强力磨削时，由于纵向进给速度很低，切屑变薄，单颗磨粒承受的磨削力降低，因而能较长时间保持砂轮的轮廓形状，磨后工件的表面精度较高。

（4）不易损坏砂轮　强力磨削在整个磨削循环过程中，砂轮只接触工件的锐边一次（参见图 10-20（b））；而普通平面磨削时，工作台多次往复行程，砂轮每次均与工件的锐边相接触（参见图 10-20（a）），因此，强力磨削的砂轮可以更长久地保持砂轮轮廓的形状精度。

图 10-20　锐边接触次数的比较
（a）普通平面磨削；（b）强力磨削

在生产中，实现缓进给强力磨削的基本工艺条件是：

（1）磨床必须具有较高的主轴刚度和较大的电动机功率。

（2）轴向进给时，要求进给平稳无爬行现象。

（3）强力磨削时，金属切除量大大增加，磨削热增大，因此必须要有大量、洁净的切削液供给。

（4）可靠的安全防护装置。

（5）对砂轮的磨料、粒度、结合剂、硬度、组织和修整方法等，也都应提出新的要求。

其他高效磨削方法，还有宽砂轮磨削、多砂轮磨削、重负荷磨削和高速强力外圆磨削等。

10.6.3　砂带磨削

砂带磨削是指采用粘有磨料磨粒的布质砂带在砂带机上高速运转，将多余金属磨削除去的切削加工方法。砂带磨削具有下列优点：

（1）砂带可以做得比砂轮宽，切削面积大，因而磨削效率高。

（2）砂带磨削不受工件尺寸、形状的限制，可适用于各种复杂型面工件的加工。

（3）砂带磨削由于砂带很轻，功率损失很小，功率利用率可达 96%，也就是说输入的全部能量几乎都转变为磨削金属的有用功。

（4）砂带更换比较方便，调整时间少，同时因为砂带断裂不会造成人身和设备事故，所以砂带磨削的操作比较安全。

（5）砂带磨削时的表面质量较高，表面粗糙度值 Ra 可达 $0.2 \sim 0.4$ μm，精度可以保证在 ± 0.005 mm 或更高。

（6）砂带磨床的结构简单，生产成本较低，而且生产效率较高，所以砂带磨削的经济效果十分显著。

图 10-21　砂带磨床的结构原理
1—传送带；2—工件；3—砂带；
4—张紧轮；5—接触轮；6—支承板

砂带磨床的结构原理如图 10-21 所示，它由砂带、接触轮、张紧轮、支承板、传送带等部分组成。砂带被适度张紧安装在接触轮和张紧轮上，由驱动装置（图中未画出）带动作高速循环运动实现切削功能；工件由输送带送至支承板上方的磨削区，实现进给运动；工件渐次通过砂带磨削区，即完成砂带磨削加工工作。

砂带磨床与普通磨床的最大区别，在于砂带磨床是用砂带代替砂轮作为切削工具。砂带制造时，是在柔软的基体上用黏结剂均匀地粘上一层磨粒而成，每颗磨粒在高压静电场的作用下直立在基体上，并以均匀的间隔排列（见图 10-22）。制造砂带的磨料多为氧化铝、碳化硅，也可采用金刚石或立方氮化硼。基体的材料是布或纸。将磨粒粘在基体上的黏结剂可以是动物胶或合成树脂胶。

图 10-22　砂带的构造

接触轮的作用在于控制磨粒对工件的接触压力和切削角度。接触轮的材料和形状对砂带磨削的加工效率和表面粗糙度值影响很大，应该根据不同的加工要求来进行选择。

接触轮一般是用钢和铸铁做轮芯，在轮芯上绕注一层硬橡胶制成。橡胶越硬，则金属切除率越高，橡胶越软，则磨削表面越光洁。

10.7　磨工实习安全技术

磨工实习与车工实习安全技术有许多相同之处，可参照执行，在操作过程中更应注意以下几点。

（1）操作者必须戴安全帽，长发压入帽内，以防发生人身事故。

（2）检查砂轮是否松动，有无裂纹，防护罩是否牢固、可靠，发现问题时不准开车。

（3）砂轮开动后，必须慢慢引向工件，严禁突然接触撞击工件；切削深度不能过大，防止径向力过大将工件顶飞或炸裂砂轮。

(4) 当干磨或修整砂轮时，一定要戴防护眼镜。

(5) 操作者应站在砂轮的侧面，砂轮的正面不准站人。

(6) 砂轮转速不准超限，进给前要选择合理的吃刀量，要缓慢进给，以防砂轮破碎飞出。

(7) 砂轮未退离工件时，应保持砂轮继续转动不得停止砂轮转动。

(8) 用金刚石修整砂轮时，要使用固定架将金刚石衔住，禁止手持金刚石修整砂轮。

(9) 干磨工件不准中途加冷却液，湿式磨床冷却液停止时应立即停止磨削。工作完毕应将砂轮空转五分钟，将砂轮上的冷却液甩掉。

(10) 多人共用一台磨床时，只能一人操作，并注意他人的安全。

复习思考题

一、填空题

(1) 选择砂轮硬度的原则是：磨软材料时，选用_____砂轮；磨硬材料时，选用_____砂轮；粗磨时选用_____砂轮；精磨时选用_____砂轮。

(2) 磨削时砂轮的线速度高达_____，为了工作安全起见，砂轮安装之前必须经过外观检查，不能有裂纹、缺损等缺陷，以防高速运转时砂轮炸裂伤人。

(3) 外圆磨床磨削轴类零件的外圆时，常采用_____装夹工件；平面磨床磨削中小型工件的平面时，常采用_____吸住工件。

(4) 平面磨削的操作方法有两种：一种是在卧轴矩台式平面磨床上用砂轮的周边进行磨削，称为_____法；另一种是在立轴圆台式平面磨床上用砂轮的端面进行磨削，称为_____磨法。

(5) 在外圆磨床上磨削外圆，常用_____法和_____法两种方法，其中以纵磨法使用普遍。

(6) 圆锥面磨削时，通常采用下列两种方法：1) 转动_____法，这种方法多用于锥度较小、锥面较长的工件；2) 转动_____法，这种方法常用于锥度较大、锥面较短的工件。

二、讨论题（采用口试方式进行考核）

(1) 磨削加工的工艺特点和加工范围是什么？为什么会有这些特点？

(2) 在外圆磨床上磨削外圆，常用哪几种磨削方法？它们的操作过程和特点是什么？

(3) 砂轮有哪五个特性参数？这五个特性参数的意义分别是什么？

(4) 砂轮为什么要平衡？砂轮为什么要修整？请简要说明它们的操作过程？

(5) 平面磨削时，工件如何装夹？工件经平面磨削之后，为什么必需进行退磁处理？

(6) 为什么磨床的自动纵向进给和自动横向进给，都采用液压传动而不采用齿轮传动？

(7) 磨削加工中，产生工件表面烧伤现象的原因有哪些？如何防止磨削烧伤？

(8) 什么是砂带磨削？砂带磨削具有哪些特点？

第三篇 现代制造方法

第11章

特种加工

学习完本章内容，应该掌握如下内容：

◆ 了解特种加工方法的产生背景、工艺特点及其种类。
◆ 掌握电火花成形加工和数控电火花线切割加工的基本操作。
◆ 了解其他特种加工方法的工作原理、特点和应用范围。

11.1 概　　述

11.1.1 特种加工的产生背景

随着生产技术的发展，许多现代工业产品要求具有高强度、高速度、耐高温、耐低温、耐高压等特殊性能，需要采用一些新材料、新结构来制作相应的产品零件，从而给机械加工提出了许多新问题，如：高强度合金钢、耐热钢、钛合金、硬质合金等难加工材料的加工问题，陶瓷、玻璃、人造金刚石、硅片等非金属材料的加工问题，极高精度、极高表面粗糙度要求的表面加工问题，复杂型面、薄壁、小孔、窄缝等特殊结构零件的加工问题，等等。这些不断遇到的生产过程中的诸多问题如果仍然采用传统的切削加工方法，由于受切削加工工艺特点的局限往往十分困难，不仅效率低、成本高，而且很难达到零件的技术要求，甚至有时无法实现加工。现代科学技术的进步为解决上述问题提供了可能与手段，特种加工工艺正是在这种新需求的新形势下，逐渐产生和迅速发展起来的。

11.1.2 特种加工的特点

特种加工工艺是指利用电能、光能、化学能、电化学能、声能、热能及机械能等各种能量直接进行加工的方法。相对于传统的切削加工方法而言，特种加工又称为非传统加工工艺，它具有以下特点。

（1）"以柔克刚"　在特种加工生产过程中，使用的工具与被加工对象基本不发生刚性接触，因此工具材料的性能不受被加工对象的强度、硬度等制约，甚至可以使用石墨、紫铜等极软的工具来加工超硬脆材料和精密微细零件；

（2）应力较小　特种加工时主要采用电、光、化学、电化学、超声、激光等能量去除多余材料，而不是依靠机械力与变形切除多余材料，故特种加工时的应力较小；

（3）切屑较少　特种加工的加工机理不同于普通金属切削加工，生产过程中不产生宏观切屑，不产生强烈的弹、塑性变形，可以获得极高的表面粗糙度，加工时工具对加工对象的机械作用力、加工后的残余应力、冷作硬化现象、加工热等的影响程度也远比一般金属切削加工小；

（4）适应性强　特种加工的加工能量易于控制和转换，故加工范围广，适应性强。

由于特种加工方法具有传统切削加工方法无可比拟的上述优点，它已成为机械制造科学中一个新的重要领域，在现代制造方法中占有十分重要的地位。

11.1.3　特种加工的分类

按照所利用的能量形式，特种加工可分为以下几类。

（1）电、热能特种加工：电火花加工、电子束加工、等离子弧加工；

（2）电、机械能特种加工：电解加工、电解抛光；

（3）电、化学、机械能特种加工：电解磨削、电解珩磨、阳极机械磨削；

（4）光、热能特种加工：激光加工；

（5）化学能特种加工：化学加工、化学抛光；

（6）声、机械能特种加工：超声波加工；

（7）液、气、机械能特种加工：磨料喷射加工、磨料流加工、液体喷射加工。

近年来，多种能量新的复合加工方法正在不断出现，值得注意的是，将两种以上的不同能量形式和工作原理结合在一起，可以取长补短获得很好的加工效果。

表 11-1 列出了特种加工方法所适用的被加工工件材料。

表 11-1　特种加工方法所适用的被加工工件材料

加工方法 ＼ 材料	铝	钢	高合金钢	钛合金	耐火材料	塑料	陶瓷	玻璃
电火花加工	△	○	○	○	□	×	×	×
电子束加工	△	△	△	△	○	△	○	△
等离子弧加工	○	○	○	△	□	×	×	×
激光加工	△	△	△	△	○	□	△	△
电解加工	△	○	○	△	△	×	×	×
化学加工	○	○	△	□	□	□	□	△
超声加工	□	△	□	△	○	×	○	○
磨料喷射加工	△	△	○	△	○	△	○	○

注：○—好；△—尚好；□—不好；×—不适用

11.2 电火花成型加工

11.2.1 电火花成型加工原理

电火花成型加工是利用工具电极与工件电极之间的脉冲放电现象，对工件材料产生电腐蚀来进行加工的。

图 11-1 所示为电火花成型加工的基本原理：加工时，脉冲电源的一极接工具电极，另一极接工件电极，两电极均浸入绝缘的煤油中；在放电间隙自动进给调节装置的控制下，工具电极向工件电极缓慢靠近；当两电极靠近到一定距离时，电极之间最近点处的煤油介质被击穿，形成放电通道，由于该通道的截面积很小，放电时间极短，电流密度很高，能量高度集中，在放电区产生瞬时高温可达 10 000 ℃ ~ 12 000 ℃，致使工件产生局部熔化和气化向四处飞溅，蚀除物被抛出工件表面，

图 11-1 电火花成型加工原理

形成一个小凹坑；下一瞬间，第二个脉冲紧接着在两电极之间的新的另一最近点处击穿煤油介质，再次产生瞬间放电加工，……；如此循环重复上述过程，在工件上即可复印留下与工具电极相应的所需加工表面，同时工具电极也会因放电而产生局部损耗。

电火花加工时的表面局部放大图如图 11-2 所示，显而易见，电火花成型加工出的零件表面，是由无数个小坑所组成。电火花加工脉冲电源的矩形波电压波形如图 11-3 所示。

图 11-2 电火花加工表面局部放大图

图 11-3 脉冲电源的矩形波电压波形

11.2.2 电火花成型加工机床

电火花成型加工机床由主轴头、电源箱、床身、立柱、工作台及工作液槽等部分组成，如图 11-4（a）所示为分离式电火花成型加工机床，如图 11-4（b）所示为整体式电火花成型加工机床，它们的区别在于后者将油箱与电源箱放入机床的内部，成为一个整体，使结构更为紧凑。

（1）主轴头：主轴头是电火花成型加工机床中最关键的部件，是自动调节系统中的执行机构。主轴头的结构、运动精度和刚度、灵敏度等都直接影响零件的加工精度和表面质量。

图 11-4　电火花成型加工机床

(a) 分离式；(b) 整体式

1—床身；2—工作液槽；3—主轴头；4—工作液箱；5—电源箱；6—立柱；7—工作台

（2）床身和立柱：床身和立柱是电火花成型加工机床的基础构件，用以保证工具电极与工件之间的相对位置，其刚性要好，抗振性要高。

（3）工作台：工作台用于支承和装夹工件。通过横向、纵向丝杠可调节工件与工具电极的相对位置。在工作台上固定有工作液槽，槽内盛装有工作液，放电加工部位浸在工作液介质中。

（4）电源控制柜（电气柜）：电源控制柜内设有脉冲电源及控制系统、主轴伺服控制系统、机床电器安全及保护系统。

11.2.3　工具电极

1. 工具电极的种类

电火花成型加工时，常用的工具电极材料有石墨和紫铜两种，工具电极的形状与被加工零件的形状相匹配，工具电极的尺寸为

工具电极尺寸 = 工件内腔尺寸 − 2×火花间隙

石墨电极的加工效率较高，但电极自身的损耗较大，所以被加工工件的精度较差，仅适用于粗加工；紫铜电极的质地细密，加工稳定性好，电极损耗相对较小，适用于精加工或粗加工，尤其适用于带有精密花纹的精加工。

2. 工具电极的安装和调整

工具电极安装时，可借助电极套筒、电极柄、钻夹头、U 形夹头、管状电极夹头等辅助工具，将不同类型的工具电极相应夹紧在电火花成型机的主轴上。

工具电极安装牢固后，还需要进行调整和定位找正，使工具电极的轴心线与电火花成型机的工作台面垂直，还要使工具电极在 X、y 方向与工件有一正确位置。操作方法为：① 在工具电极装夹完成后，首先调整工具电极的角度和轴心线，使其大概垂直于工作台面或工件顶面；② 使用百分表和简易钳工工具，检验工具电极与工作台面的平行度（参见图 11-5）；③ 以同一百分表检验工件电极的一个侧面，使工件电极的侧面与工件的侧面保持平行；

④ 移动工作台调整机床，使工具电极在 X、y 方向均与工件保持正确的加工位置。

11.2.4　脉冲参数的选择

加工型腔模具时，必须按加工规范选择合适的脉冲参数。

脉冲参数除脉冲电压（峰值电压）外，还包括脉冲宽度、间隔时间、峰值电流等。脉冲参数的选择是否得当，直接影响着电火花成型加工的加工速度、表面粗糙度、电极损耗、加工精度和表面层的变化。

图 11-5　用百分表校正工具电极的平行度

加工规范的转换分为粗、中、精三档。粗档加工时，脉冲宽度 t_i 选 500~1 200 μs，脉冲间隔约在 100~200 μs 之间，其判断方法是：只要能稳定加工、不拉弧，则可以取较小值。加工电流应按加工面积的大小而定，但应使峰值电流 i_c 符合电极低损耗的保证条件：

$$i_c / t_i \leqslant 0.01 \quad \text{A/μs}$$

中档加工时，一般脉冲宽度选在 30~400 μs。有时粗档与中档并无严格区别，也可通过改变加工电流大小来改变放电间隙和改变所达到的表面粗糙度。

精加工是在粗、中档加工后进行的精修加工，一般余量在 0.02~0.2 mm 之间，表面粗糙度在 $Ra = 3.2$ μm 之内。由于在精加工时的电极损耗较大，可达 20% 左右，故在对电极尺寸、型腔尺寸有严格要求的加工场合，应选较小的余量。精加工的脉冲宽度应小于 20 μs，峰值电流应小于 5 A，以能保证被加工工件所需的表面粗糙度为准。

11.2.5　电火花成型加工的特点

电火花成型加工的特点主要有以下几点。

（1）可用较软的工具电极加工较硬的工件　电火花成型加工是靠电蚀作用去除被加工材料的，材料的可加工性与其导电性和熔点、沸点、热导率、比热容等热学特性有关，但与其力学性能几乎无关，因此，电火花成型加工主要适合于加工硬、脆等难加工材料；

（2）可实现复杂型面和特殊形状的加工　借助数控加工技术，可以在较软的电极材料上制作十分复杂的成型型面工具电极；利用该工具电极即可在硬、脆等难加工材料上加工复杂型面的模具，或用成型电极加工方孔等异形孔，以及用特殊控制的动轨迹来完成曲孔等结构要素的复杂加工；

（3）可实现易变形零件及精密零件的加工　由于电火花成型加工时几乎无切削力作用，故适于低刚度、易变形零件的精密加工和微细加工，其加工精度可达 0.5~1 μm，表面粗糙度可达 Ra 0.02~0.012 μm，而且会向更精密的方向发展；

（4）加工生产效率较低　电火花成型加工的生产效率较低，常可采用特殊工作液、适当减少被加工零件的加工余量等方法来提高生产效率。

（5）工件表面存在电蚀硬层　电火花成型加工时，所得的工件表面是由众多放电凹坑组成，硬度较高，不易去除，将影响后续工序的加工。

11.2.6 电火花成型加工的应用

电火花成型加工主要用于型孔、型腔的加工，其常见的加工类型如下：

（1）型腔加工 电火花成型的型腔加工，主要用于锻模、挤压模、压铸模等。型腔加工时，工具电极必需按照被加工零件的图纸要求进行合理制造；

（2）穿孔加工 电火花成型的穿孔加工，可以加工各种形状的孔，如：圆孔、方孔、多边形孔、异形孔等，被加工小孔的直径可达 0.1~1 mm，甚至可以加工直径小于 0.1 mm 的微孔，如拉丝模孔、喷咀孔、喷丝孔等。

11.3 数控电火花线切割加工

11.3.1 电火花线切割加工原理

电火花线切割加工是通过线状工具电极与被切割材料工件电极之间的相对运动，利用两者之间产生脉冲放电所形成的电腐蚀现象进行切割加工。这种加工方法可加工淬火钢、硬质合金和金属陶瓷等导电材料，加工精度可达 0.01~0.02 mm，表面粗糙度 $Ra = 1.6$ μm。

11.3.2 电火花线切割加工设备

按照控制系统的类型来分，电火花线切割加工可分为靠模仿形线切割、光电跟踪线切割和数字控制线切割三类。现代电火花线切割加工绝大部分都是数控电火花线切割加工。

按照电极丝运动的快慢来分，电火花线切割加工可分为快速走丝线切割和慢速走丝线切割两大类，或称为高速走丝线切割和低速走丝线切割两大类。高速走丝时多用钼丝和钼钨合金丝，工作时钼丝反复使用多次放电，线径有损耗，工件的加工精度不高；低速走丝时多使用铜丝、黄铜丝、黄铜加铅丝、黄铜加锌丝、黄铜镀锌丝等，且电极丝一次性使用，工作时线径的损耗极小，对工件尺寸几乎不产生影响，工件的加工精度高。

图 11-6 所示为 CKX-2AJ 数控线切割机床外形简图，它属于数控快速走丝线切割类型，包括机床主机、脉冲电源、微机数控装置三大部分。

图 11-6 CKX-2AJ 线切割机床外形简图

（1）机床主机　该机床主机由运丝机构、工作台、工作液系统及床身组成。

① 运丝机构。运丝机构包括贮丝筒和丝架。钼丝穿过丝架整齐地绕在贮丝筒上，贮丝筒由电机带动作正反交替的转动，钼丝则在丝架的固定位置上作高速（约 9 m/s）往复移动。

② 工作台。工作台可安装并带动工件在水平面内作 X、y 两个方向的移动。工件安装架与工作台之间有绝缘层。工作台分上、下两层，通过 X、y 两个方向的丝杆和螺母分别由两个步进电机驱动。

③ 工作液系统。工作液系统由工作液、贮液箱、液泵和循环导管组成。工作液起绝缘、排屑、冷却的作用。每次脉冲放电之后，工件与钼丝之间必须迅速恢复绝缘状态，以便产生下一次脉冲放电，否则，将形成持续的电弧放电而影响加工质量。

（2）脉冲电源　由交流电转换而成的高频单向脉冲电源，其频率和脉冲宽度均可根据加工的需要进行调整。线切割加工时，钼丝接脉冲电源的负极，工件接脉冲电源的正极。

（3）微机数控装置　微机数控装置是数控线切割机床的核心部分，控制程序固化在 EPROM 存储器内，以实现全部功能的自动控制。

11.3.3　数控电火花线切割的编程方法

我国在数控快走丝线切割机床中一般采用 B 指令格式编程，B 指令格式又分为 3B 格式、4B 格式、5B 格式等，其中以 3B 格式为最常用的格式；在数控慢走丝线切割机床中，则通常采用国际通用的 G（ISO）指令代码格式编程。数控电火花线切割的编程方法有手工编程和自动编程两种，学习和掌握 3B 指令格式手工编程是数控电火花线切割编程的基本功。

1. 3B 指令格式

3B 指令格式为：BX　BY　BJ　G　Z

式中，BX、BY 为坐标指令字，BJ 为计数长度指令字，G 为计数方向指令字，Z 为加工指令字。具体规定如下。

（1）分隔符 B：指令格式中的三个 B 称为分隔符，它将 X、Y、J 的数值分隔开；B 后的数字如果为 0，则 0 可以省略不写，如 "B 0" 可以写成 "B"；

（2）轴坐标值 X、Y：轴坐标值 X、Y 为被加工线段上某一特征点的坐标值，数值单位为 μm，且规定编程时的 X、Y 数值不可为负，应取绝对值编程。当线切割加工斜线段时，X、Y 数值是指被加工线段终点对其起点的相对坐标值，为了简化，加工斜线段程序中的 X、Y 值允许同时放大或缩小相同的倍数，只要保持其比值不变（直线斜率不变）即可；当线切割加工与坐标轴重合的直线段时，在其程序段中的 X 或 Y 值，均规定不必写出 "0"；当线切割加工圆或圆弧时，X、Y 数值是指圆或圆弧起点对其圆心的相对坐标值；

（3）计数长度 J：计数长度 J 为线切割加工长度在 X 轴或 Y 轴上的投影长度，数值单位为 μm；编程时要求 J 的数值必须写满六位数，不足部分用 0 来补足，如计数长度为 686 μm 时，应写成 000686 μm；新近出厂的微机数控系统没有这方面的要求；

（4）计数方向 G：计数方向 G 用于指明计数长度 J 在线切割加工时沿哪一坐标轴计数，分为 G_x、G_y 两种，两者取一；确定计数方向是选择 G_x 还是 G_y，取决于被加工线段的终点位置，如图 11-7 所示；线切割加工时工作台在该方向每走 1 μm 计数寄存器减 1，当累计减到计数长度 J 为 0 时，这段程序就加工完成；

（5）加工指令 Z：加工指令 Z 用来指令被加工线段的种类，分为直线和圆弧两大类；加

图 11-7 计数方向 G 的确定

工直线用字母 L 表示，根据被加工直线的走向与线段终点所在的象限又分为 L_1、L_2、L_3、L_4 四种；加工圆弧用字母 R 表示，根据圆弧加工第一步进入的象限以及走向分为 8 种，顺时针圆弧分为 SR_1、SR_2、SR_3、SR_4，逆时针圆弧分为 NR_1、NR_2、NR_3、NR_4，具体如图 11-8 所示。

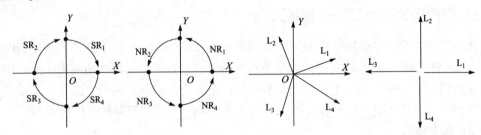

图 11-8 加工指令 Z 方向的确定

2. 3B 指令手工编程示例

数控线切割编程时，应将被加工图形分解为若干圆弧段与直线段，然后按加工顺序依次编写加工程序。以图 11-9 所示的线切割零件为例，因为该图形由 3 条直线段和 3 条圆弧段连接组成，所以应分为 6 段编写加工程序。

图 11-9 线切割零件简图

（1）加工圆弧 AB：以该圆弧圆心 O 为坐标原点，经计算圆弧起点 A 的坐标为 $X = 10$ mm，$Y = 0$。

程序为：B10000B0B020000GYSR2

（2）加工直线段 BC：以起点 B 为坐标原点，BC 与 Y 轴负方向重合。

程序为：B0B30000B030000GYL4

（3）加工圆弧 CD：以该圆心 O 为坐标原点，经计算圆弧起点 C 的坐标为 $X = 0$，$Y = 10$。

程序为：B0B10000B020000GXSR1

（4）加工直线段 DE：以起点 D 为坐标原点，DE 与 X 轴负方向重合。

程序为：B20000B0B020000GXL3

（5）加工圆弧 EF：以该圆弧圆心为坐标原点，经过计算圆

弧起点 E 对圆心的坐标为 $X = 0$，$y = 10$。

程序为：B0Bl0000B020000GXSR3

（6）加工直线段 FA：以起点 F 为坐标原点，FA 与 Y 轴正方向重合。

程序为：B0B30000B030000GYL2

经整理后，该零件的数控线切割加工程序单如下所示：

序号	B	X	B	Y	B	J	G	Z
1	B	10000	B	0	B	020000	GY	SR2
2	B	0	B	30000	B	030000	GY	L4
3	B	0	B	10000	B	020000	GX	SR1
4	B	20000	B	0	B	020000	GX	L3
5	B	0	B	10000	B	020000	GX	SR3
6	B	0	B	30000	B	030000	GY	L2
7	E							

3. ISO 代码指令格式

ISO 代码是指国际标准化组织制定的通用数控编程代码指令格式，对数控电火花线切割加工而言，程序段的格式为：

N××××G××X××××××Y××××××I××××××J××××××

其中：N 为程序段号，后接 4 位阿拉伯数字，表示程序段的顺序号；G 为准备功能，后接 2 位阿拉伯数字，表示线切割加工的各种内容和操作方式，其指令功能如表 11-2 所示；X、Y 为直线或圆弧的终点坐标值，后接 6 位阿拉伯数字，以 μm 为单位；I、J 表示圆弧的圆心对圆弧起点的坐标值，后接 6 位阿拉伯数字，以 μm 为单位。

表 11-2　常用的准备功能指令

G00	点定位
G01	直线（斜线）插补
G02	顺圆插补
G03	逆圆插补
G04	暂停
G40	丝径（轨迹）补偿（偏移）取消
G41、G42	丝径向左、右补偿偏移（沿钼丝的进给方向看）
G90	选择绝对坐标方式输入
G91	选择增量（相对）坐标方式输入
G92	工作坐标系设定

4. ISO 代码指令格式编程示例

例：试用 G 代码编写如图 11-10 所示五角星的线切割加工程序（暂不考虑电极丝的直径

及放电间隙的影响）。

图 11-10　五角星零件简图

该五角星零件的 G 代码数控电火花线切割加工程序单如下。

程序段号	程序段内容	程序段结束	程序段说明
N0010	G90	;	采用绝对方式编程
N0020	T84　T86	;	开启冷却液，开启走丝
N0030	G92　X0　Y0	;	设定当前电极丝的位置为（0，0）
N0040	G00　X−5　Y134	;	电极丝快移至 A 点
N0050	G01　X75　Y134	;	$A \to B$，线切割加工
N0060	X100　Y210	;	$B \to C$，线切割加工
N0070	X125　Y134	;	$C \to D$，线切割加工
N0080	X205　Y134	;	$D \to E$，线切割加工
N0090	X140　Y87	;	$E \to F$，线切割加工
N0100	X165　Y11	;	$F \to G$，线切割加工
N0110	X100　Y58	;	$G \to H$，线切割加工
N0120	X35　Y11	;	$H \to I$，线切割加工
N0130	X60　Y87	;	$I \to J$，线切割加工
N0140	X−5　Y134	;	$J \to A$，线切割加工
N0150	G00　X0　Y0	;	电极丝快速回原点
N0160	T85　T87	;	关闭冷却液，停止走丝
N0170	M02	;	程序结束

11.3.4　数控电火花线切割加工的特点

除电火花加工的共性特点外，数控电火花线切割加工本身尚有以下一些特点。

（1）只要输入编制好的数控加工程序，不必制作成型电极，便可加工各种形状的零件；

（2）数控电火花线切割主要用于二维平面零件的加工，但如果采用四坐标数控电火花线切割机床（沿 X、Y 两坐标轴平移，绕 X、Y 两坐标轴转动），也可加工锥面和复杂直纹扭曲面；

（3）电极丝的直径很细，约为 $\phi0.025\sim\phi0.3$ mm，可切割微细异形孔、窄缝、小尖角、小内角、小圆角等形状复杂的零件，由于切缝小还可以进行套裁，故材料的利用率很高；

（4）依靠数控技术中的刀具半径补偿功能，可以控制电极丝的轨迹和偏移计算，从而很方便地调整凹、凸模具的配合间隙；通过锥度切割功能，有可能实现凹、凸模具一次同时加工。

11.3.5 数控电火花线切割加工的应用范围

数控电火花线切割加工的应用范围十分广泛，归纳起来有以下几方面。

（1）模具加工：可加工冲模的凹模、凸模、固定板、卸料板、粉末冶金模、镶拼型腔模、拉丝模、波纹板成型模、冷拔模等平面形状和立体形状的金属模具；

（2）微细槽、缝、孔加工：可加工喷丝板异形孔、射流元件、激光器件等的微孔、细槽及窄缝等细部结构；

（3）工具、量具加工：可加工成型刀具、样板等；

（4）试制件及特殊零件加工：如电动机硅钢片定转子铁心加工，稀有、贵重金属切割加工，带有锥度型腔的电火花成型电极加工，以及穿孔加工、凸轮零件加工、材料试验样件加工，等等。

11.4 激光加工

11.4.1 激光加工的原理

激光是一种亮度高、方向性好、单色性好的相干光。由于激光的发散角小和单色性好，通过光学系统可以聚焦成为一个直径极小的光束（微米级）。激光加工时把光束聚集在工件表面上，由于区域很小、亮度极高，其焦点处的功率密度可达 $10^8 \sim 10^{10}$ W/mm^2，温度可达一万多摄氏度。在此高温下，任何坚硬的材料都将瞬时急剧熔化和蒸发，并产生很强的冲击波，使熔化物质被爆炸式地喷射去除，从而达到使工件材料被去除、连接、改性和分离等加工目的。

11.4.2 激光加工的特点

激光加工具有如下特点：

（1）不受工件材料性能的限制，激光加工几乎可以加工所有的金属材料和非金属材料，如：硬质合金、不锈钢、宝石、金刚石、陶瓷等；

（2）不受加工形状的限制，激光可以加工各种微孔（$\phi0.01\sim1$ mm）、各种深孔（深径比 $50\sim100$）、各种窄缝等，还可以精密切割加工各种异形孔；

（3）激光加工速度快、热影响区小、工件热变形小，而且不存在工具消耗问题；

（4）激光可穿入透明介质内部进行深层加工，且与电子束、离子束加工相比，激光不需要高电压、真空环境以及射线保护装置，这对某些特殊情况（例如在真空中加工）是十分有利的。

11.4.3 激光加工的主要应用

1. 激光打孔

利用激光，可加工微型小孔，如化学纤维喷丝头打孔（在直径 $\phi100$ mm 的圆盘上打 12 000 个直径 $\phi0.06$ mm 的孔）、仪表中的宝石轴承打孔、金刚石拉丝模具加工、火箭发动机和柴油机的燃料喷嘴加工等。

2. 激光切割与焊接

激光切割时，激光束与工件作相对移动，即可将工件切割分离开。激光切割可以在任何方向上切割，包括内尖角。目前激光已成功用于钢板、不锈钢、钛、钽、铌、镍等金属材料以及布匹、木材、纸张、塑料等非金属材料的切割加工。激光焊接常用于微型精密焊，能焊接不同种类的材料，如金属与非金属材料的焊接。

3. 激光热处理

利用高能激光对金属表面进行扫描，在极短的时间内工件即可被加热到淬火温度；由于表面高温迅速向工件基体内部传导而冷却，使工件表面被淬硬。可用激光在普通金属表层熔入其他元素，使它具有优良合金的性能。激光热处理有很多独特的优点，如快速、不需淬火介质、硬化均匀、变形小、硬度高达 60 HRC 以上、硬化深度能精确控制等。

4. 激光雕刻

激光雕刻所需能量密度较低，装工件的工作台由二坐标数控系统驱动。激光雕刻用于印染行业及美术作品。

11.4.4 CLS-2000 激光雕刻切割机

1. 机床组成及其功能

CLS-2000 激光雕刻切割机由激光源、机床本体、电源、控制系统四大部分组成，其外形如图 11-11 所示，其导光系统如图 11-12 所示，其操作面板如图 11-13 所示。

图 11-11　CLS-2000 激光雕刻切割机结构示意图

2. 机床按钮及功能

（1）启动切割　启动切割前，必须打开待切割文件，系统支持 DXF 和 PLT 两种文件格式。选择下拉菜单"切割与雕刻"，单击"启动切割"，系统开始切割并在屏幕上显示切割内容。

图 11-12　导光系统示意图

图 11-13　操作面板示意图

（2）启动雕刻　启动雕刻前，必须打开待雕刻文件并在雕刻参数里设置好雕刻参数，系统支持 DXF 和 PLT 两种文件格式。选择下拉菜单"切割与雕刻"，单击"启动雕刻"，系统开始雕刻并在屏幕上显示雕刻内容。

（3）启动位图　启动位图前，必须打开待雕刻文件并在位图参数里设置好雕刻参数，系统支持 BMP 文件格式。选择下拉菜单"切割与雕刻"，单击"启动位图"，系统开始雕刻并在屏幕上显示雕刻内容。

（4）显示　显示待切割或雕刻的文件内容前，必须打开待切割或雕刻的文件，系统支持 DXF、PLT 与 BMP 三种文件格式。选择下拉菜单"切割与雕刻"，单击"显示"，出现"显示切割"、"显示雕刻"与"显示位图"。系统在屏幕上显示切割或雕刻内容，激光头按文件内容开始移动，但不出光。

3. 基本操作步骤

（1）开机　包括开总电源、开"激光电源"、开计算机、开"机床电源"、调焦距、开"给气"、开"排风"、按下"激光高压"等步骤，具体请参见机床说明书。

（2）切割或雕刻

① 在计算机屏幕上选择下拉菜单"切割与雕刻"，单击"启动切割"，或按面板上的启动键，机器开始切割。

② 在计算机屏幕上选择下拉菜单"切割与雕刻"，单击"启动雕刻"，机器开始雕刻（注意：操作面板上的启动键只能启动切割不能启动雕刻，如按错会造成计算机死机）。

（3）关机　关掉激光高压，五分钟后关掉激光电源，关掉给气、排风，退出工控程序（如果不再调用其他图形文件的话），关掉机床电源。

4. 注意事项

（1）根据加工目的及工件性质选取适当的工作速度和激光电流的大小，即选好工艺参数。

（2）发现异常时，或需更改参数时，请按"暂停/继续"键（键锁定，灯亮），处理完毕后再次按"暂停/继续"键（键抬起，灯灭），则继续工作；或者在暂停状态按"复位"键，刀头便回到零点，再按"暂停/继续"键（抬起，灯灭）。

（3）激光管的冷却水不可中断。一旦发现断水，必须立即切断激光高压，或按"紧急开关"，防止激光管炸裂。

（4）工件加工区域里不得摆放有碍激光刀头运行的重物，免得电机受阻丢步而造成废品。

（5）激光工作过程中，要保持排风通畅。

（6）切割或雕刻时，必须盖好防护罩。

（7）在任何情况下，不得将肢体放在光路中，以免灼伤。

5. 激光雕刻加工实例

使用激光雕刻切割机加工的图案如图 11-14 所示。

图 11-14　激光刻绘作品示例

11.5 超声波加工

11.5.1 超声波加工的原理

超声波加工是利用工具作超声频振动，通过磨料撞击与抛磨工件，从而使工件成形的一种加工方法，其工作原理如图 11-15 所示。超声波加工时，在工具和工件之间注入液体（水或煤油等）与磨料混合的悬浮液，工具对工件保持一定的进给压力，并作振幅为 0.01~0.15 mm、频率为 16~30 kHz 的高频振荡，磨料在工具的超声振荡作用下，以极高的速度不断撞击工件表面，其冲击加速度可达重力加速度的一万倍左右，使工件在瞬时高压下产生局部破碎。由于悬浮液的高速搅动，又使磨料不断抛磨工件表面；随着悬浮液的循环流动，使磨料不断得到更新，同时带走被粉碎下来的材料微粒。超声波加工中，工具逐渐伸入到工件中，工具的形状便"复印"到工件上。

图 11-15 超声波加工原理

1—工具；2—工件；3—磨料悬浮液；
4，5—变幅杆；6—换能器；7—超声波发生器

在工件中，超声振动还使悬浮液产生空腔，空腔不断扩大直至破裂，或不断被压缩致闭合。这一过程极短，空腔闭合压力可达几千大气压，爆炸时可产生水压冲击，引起加工表面破碎，形成粉末。同时悬浮液在超声振动下，形成冲击波还使钝化的磨料崩碎，产生新的刃口，进一步提高加工效率。

11.5.2 超声波加工的特点

超声波加工具有如下特点。

（1）适用于加工各种硬脆材料，特别是不导电的非金属材料，例如玻璃、陶瓷、石英、锗、硅、玛瑙、宝石、金刚石等。对于导电的硬质合金、淬火钢等，超声波也可以加工，但加工效率比较低。

（2）在加工过程中不需要工具旋转，因此易于加工各种复杂形状的型孔、型腔、成型表面等。如采用中空形的工具，还可以实现各种形状的套料加工。

（3）超声波是靠极其微小的磨料作用进行加工，所以加工精度较高，一般可达 0.02 mm，表面粗糙度 Ra 可达 1.25~0.1 μm，且被加工表面无残余应力，不易出现组织改变、表面烧伤等缺陷。

（4）因为材料的去除是靠磨料直接作用，故磨料硬度一般应比加工材料高，而工具材料的硬度则可以大大低于被加工材料的硬度，如可采用中碳钢、型材、管材、线材等制作工具。

（5）超声波加工机床的结构简单，操作、维修方便，加工精度较高，但生产效率较低，工具的磨损也较大。

11.5.3 超声波加工的应用

超声波加工主要用于孔加工、套料、雕刻、切割以及研磨金刚石拉丝模等，同时还可以用于清洗、焊接和探伤等（参见图 11-16）。

图 11-16 超声波加工应用举例

(a) 加工圆孔；(b) 加工异形孔；(c) 加工型腔；

(d) 套料；(e) 雕刻；(f) 研抛金刚石拉丝模

11.6 电解加工

11.6.1 电解加工的基本原理

电解加工是利用金属在电解液中产生阳极溶解的电化学腐蚀原理，将工件加工成型的，其工作原理如图 11-17 所示，所以电解加工又称为电化学加工。

图 11-17 电解加工原理

在电解加工机床工作台上夹持工件，调整机床使工件与工具电极两者之间保持较小的间隙（通常为 0.02~0.7 mm），并在该间隙内通过高速流动的导电的电解液；然后在工件和工具电极之间接上低电压（6~24 V）大电流（500~2 000 A）的稳压直流电，工件接正极（阳极），工具电极接负极（阴极）；通电在工件和工具电极之间施加一定的电压时，工件表面的金属就不断地产生阳极溶解，溶解脱落的微小颗粒物质被高速流动的电解液不断冲走，使阳极溶解得以不断进行。

电解加工开始时，工件的形状与工具电极的形状不同，工件上的各点距工具电极表面的距离不等，因而各点的电流密度不相同，距离较近的地方电流密度较大，该处阳极溶解的速度较快；距离较远的地方电流密度较小，该处阳极溶解的速度较慢；当工具电极不断向下进给时，工件表面上的各点以不同的溶解速度被溶解，工件的型面就逐渐地接近工具电极的型面；当加工完毕时，即可获得与工具电极形状相一致的被加工工件表面。

11.6.2　电解加工的特点

电解加工具有如下特点。

（1）以简单的进给运动，一次加工出复杂的型面或型腔，加工速度随电流密度增大而加快，且不产生毛刺；

（2）可加工高硬度、高强度、高韧性等难切削材料，且加工后材料表面的硬度不发生变化；

（3）在加工过程中由于工具电极为阴极，在阴极上只是生成氢气和沉淀而无溶解作用，因此工具电极始终没有损耗，可以保证电解加工所得到的被加工工件表面形状比较精确。

（4）电解加工过程中无机械力和切削热的作用，所以在已加工表面上不存在加工变质层、残余应力和加工变形等问题。

（5）由于影响电解加工的因素很多，故难实现高精度的稳定加工。电解加工液有一定的腐蚀性，电解产物对环境有污染，因此电解加工机床要有防腐措施，对电解产物要进行无害化处理，故设备投资的总费用较高。

11.6.3　电解加工的应用

电解加工是继电火花加工之后发展较快、应用较广的一种新工艺，其生产效率比电火花加工高 5~10 倍。电解加工主要用于加工各种形状复杂的型面，如汽轮机、航空发动机叶片（见图 11-18）；各种型腔模具，如锻模、冲压模；各种型孔、深孔；套料、膛线，如炮管、枪管内的来复线等。此外还有电解抛光、电解去毛刺、电解切割和刻印等。电解加工适用于成批和大量生产，多用于粗加工和半精加工。

图 11-18　电解加工整体叶轮

11.7　特种加工实习安全技术

（1）参加实习的学生必须在指导教师的指导下才能操作特种加工设备，操作时必须严格遵守该机床的安全操作规程；

（2）使用特种加工机床之前必须先检查电源连接线、控制线及电源电压，确认安全后方可开始操作，在装夹或测量工件时要停机进行；

（3）工作场地应保持良好的通风换气环境，避免因加工过程中的高温、电化学分解、电腐蚀等产生的有害气体、物质、金属微粒对操作者、机床设备造成的损害；

（4）加强对加工过程中产生的强光、强电流等的防护。例如，不能同时用手触摸电火花加工的两个电极，不能裸眼未戴防护镜直视激光加工过程等；

（5）禁止用潮湿的手或带有油污的手接触控制开关和操作按钮，更不能接触机床电器或其他导电部位；

（6）加工时必须要有足够的循环油量进行冷却，以确保油温被限制在安全范围之内；工作时，工作介质的液面要高于工件一定距离（30~100 mm），防止因工作液面放电产生的火花引起火灾。

复习思考题

（1）现代制造技术可以分为哪几类？

（2）什么是电火花成型加工？它的基本原理是什么？它有哪些特点？

（3）常见的数控电火花线切割加工机床由哪几部分组成？各组成部分的作用是什么？

（4）在电火花成型加工中，如何实现工具电极与被加工工件的精确定位？

（5）数控电火花线切割加工编程的3B指令代码格式中，指令各项的含义是什么？

（6）特种加工与机械加工相比较，两者之间在加工原理、加工方法上有哪些不同？能否用特种加工完全替代机械加工？

（7）试比较电火花成型加工机床常用电极（如紫铜、黄铜、石墨）的优缺点，并说明它们各使用在什么场合？

（8）有一多腔凹模工件，其形状及尺寸如图11-19所示，试分别采用3B指令格式和G指令格式编制该零件的数控电火花线切割加工程序。

图11-19 凹模平面图

第12章

数控加工

学习完本章内容，应该掌握如下内容：

◆ 了解数控加工与传统加工方法的主要区别，重点比较相同工件采用两种不同工艺方法加工时的效果和优缺点；

◆ 了解数控机床的工作原理、组成部分及其各部分的作用，学习并掌握数控编程的基本规定和基本方法；

◆ 学习了解一、二种数控机床（数控车、数控铣、数控雕刻机、加工中心机床等）的零件加工工艺过程，独立编制简单零件的数控加工程序，完成该零件的数控加工操作实习全过程。

12.1 概　　述

12.1.1 数控加工的特点

数控加工是指通过手工编程或自动编程的方法，将机械加工过程及其所需信息预先输入计算机数控系统，由计算机数控系统控制数控机床自动加工出所需零件的一种自动化加工技术。与传统加工方法比较，数控加工具有加工精度高、重复精度好、产品质量稳定、生产效率高、加工适应性强、设备的柔性和经济性较好等许多优点。数控技术的推广使用，改善了工人的劳动条件，有利于推行现代化生产管理，它是机械加工现代化的一项关键性技术。

12.1.2 数控机床的组成

数控机床由机床本体、伺服系统和数控装置三大部分组成。

1. 机床本体

大多数情况下，数控机床本体与普通机床的布局形式大致相似，但也有其设计特点。例如，数控车床本体仅包括主轴箱、导轨、床身、尾座等部件，取消了进给箱、小拖板、光杠等传统部件，改为由两个伺服电机分别拖动纵向、横向走刀丝杠的传动方案，此外，将四方刀架也改为多工位自动回转刀架等。

2. 伺服系统

在数控机床中，伺服系统的作用是接收计算机发出的进给脉冲信号，加以放大和驱动处理，由执行元件带动机床完成所需的进给运动，加工出符合图样要求的零件。

3. 数控装置

数控装置由键盘、计算机、监视器、输入输出控制器、驱动电源等组成，它的作用是根据数控加工程序的要求，进行信息处理和大量的计算，然后将运算结果传送到相应的伺服驱动机构中，指挥机床各部件协调运动，进行加工。

12.1.3 数控机床的分类

数控机床的品种规格种类繁多，常按以下三种方法进行分类。

1. 按工艺用途分类

按工艺用途分类，数控机床可分为普通数控机床和数控加工中心机床两大类。普通数控机床有：数控车床、数控铣床、数控镗床、数控磨床、数控钻床、数控冲床、数控齿轮加工机床、数控电火花加工机床等。数控加工中心机床是在普通数控机床基础上进行功能扩充复合、精化改造的带有刀库和自动换刀装置的较高档数控机床。

2. 按运动轨迹分类

1）点位控制　点位控制如图 12-1 所示，只要求控制刀具从一个点移动到另一个点的定位准确，不控制运动轨迹，刀具在移动过程中不加工。这类机床主要有数控钻床、数控冲床等。

2）点位直线控制　点位直线控制如图 12-2 所示，除要求点与点之间的准确定位外，还可以保证刀具运动轨迹是某一特定斜率的直线，并能沿该直线控制刀具以不同的进给速度移动。这类机床主要有数控电火花机床、仅沿单一方向走刀的简易数控车床、简易数控铣床等。

3）轮廓控制　轮廓控制如图 12-3 所示，它能对两个以上运动坐标轴的位移和速度同时进行连续相关控制，不仅要求控制点与点之间的准确定位，而且要控制整个加工过程的每一点的速度、方向和位移量，也称连续控制。轮廓控制的运动轨迹可以是直线，也可以是曲线，刀具运动过程中同时切削工件。这类机床主要有如数控车床、数控铣床、加工中心机床、数控线切割机床等。

图 12-1　点位控制　　　　　图 12-2　点位直线控制　　　　　图 12-3　轮廓控制

3. 按控制方式分类

1）开环控制系统　开环控制系统没有检测反馈补偿装置，机床的结构简单，价格低廉，加工精度较低，常用于低档数控车床和普通车床的简易数控化改造等。

2）闭环控制系统　闭环控制系统的机床，在其移动部件（工作台）上装有高精度检测反馈补偿装置，这类机床可以达到极高的加工精度，但机床的结构复杂，价格昂贵，生产成本高。

3）半闭环控制系统　半闭环控制系统的机床，在其电机轴或丝杠轴上装有角位移检测反馈补偿装置，其性价比介于前两者之间。目前在生产中使用的数控机床，绝大多数都是半闭环控制系统的数控机床。

12.1.4 数控机床的坐标系

1. 数控机床坐标系的统一规定

按照 ISO 标准及我国 GB/T 19660—2005《机床数值控制 坐标系和运动命名》标准，数控机床坐标系的统一规定为：① 数控机床的坐标系采用右手笛卡儿直角坐标系；② 一律视为工件静止、刀具相对于工件移动来完成数控加工；③ 规定取刀具移动远离工件的方向，作为数控机床坐标轴的正方向。

按上述标准的统一规定，数控车床以主轴的径向为 X 轴方向，以主轴的轴向为 Z 轴方向；数控铣床以工作台的纵向为 X 轴方向，以工作台的横向为 Y 轴方向，以主轴的轴向为 Z 轴方向，如图 12-4 所示。需要指出的是，图中所示箭头方向均表示工件假想静止时，刀具相对于工件的移动方向。由于数控铣床加工的实际情况是工件移动但刀具不移动，故以 X'、Y'、Z' 表示工件的移动方向，其换算关系为：$X'=-X$；$Y'=-Y$；$Z'=-Z$。

图 12-4 数控机床的坐标系

（a）数控车床坐标系；（b）数控铣床坐标系

2. 机床坐标系、机床原点、机床参考点

机床坐标系是数控机床固有的坐标系，其坐标轴及其正方向按前述标准统一规定，机床原点则由机床制造厂在出厂之前设置，并在机床说明书中加以注明，用户无权自行修改。

机床制造厂通常在每个坐标轴的移动范围内设置一个机床参考点，它可以与机床原点重合，也可以不重合。机床参考点又称机床零点。数控机床上电时并不知道机床零点的位置，因此上电后需要进行"回参考点"操作，以正确建立机床坐标系。

3. 工件坐标系、程序原点、对刀点

工件坐标系是编程时由编程人员在工件上任取一点作为坐标原点所建立的坐标系。工件坐标系的原点简称工件原点，也称工件零点、编程零点或程序原点，其位置由编程者自行设定，一般设定在零件图纸上尺寸标注的基准位置处。例如：对称零件或以同心圆为主的零件，X 轴的程序原点应选在对称中心线上，Z 轴的程序原点应选在工件的某一个端面位置。工件坐标系一旦建立，就一直后续有效，直到被新的工件坐标系所取代替换为止。

在机床回参考点之后开始数控加工之前，数控机床还必须完成"对刀"操作。对刀的目的，是向计算机数控系统输入刀具当前位置的坐标参数值，以建立刀具与工件在机床坐标系中的正确坐标联系。对刀的方法有许多种，其目的和原理也都是大致相同的；对刀点的位置可以选择与程序原点重合，也可以选择其他任何方便操作的点，但该点与程序原点之间必须具有确定的坐标关系。

4. 绝对坐标编程与增量坐标编程

以工件坐标系中的坐标值进行数控编程，称为绝对坐标方式编程，用 G90 指定；以刀具当前位置为原点建立一个平行于工件坐标系的相对坐标系，以这个相对坐标系中的坐标值进行数控编程，称为增量坐标方式编程，用 G91 指定。

12.1.5 数控加工编程

1. 数控编程的方法

数控编程的方法有两种：手工编程和自动编程。

1）手工编程 手工编程时，编程的各个步骤均由人工完成，适用于形状不太复杂的简单几何零件加工。手工编程的工作量大、容易出错，很难满足实际生产需要，对于一些复杂零件、特别是具有曲面的零件等，常需采用自动编程。

2）自动编程 自动编程也称计算机辅助编程，是编程人员采用 APT 语言或采用人机交互方式将零件几何信息输入计算机，然后采用人机交互方式指定加工部位、走刀路径、加工环境条件等技术参数，由计算机自动完成数控加工程序编制的方法。常用的自动编程系统软件有 Pro / Engineer、UG、Master CAM 和 CAXA 等。自动编程方法可以大大减轻编程人员的劳动强度，缩短编程时间，提高编程精度和效率，已在生产中获得广泛使用。

2. 数控程序格式

数控程序格式指程序和程序段的书写规则。数控机床的程序段格式通常有三种，目前国内外广泛采用的是"字地址可变长度程序段"格式，其示例为：N05·G02·X±043·Y±043·Z±043·F04·S04·T03·M02·LF。数控程序段格式规定：由 N05（开头）至 LF（结束）之间的若干个指令字构成一条"程序段"，表示需要同时执行的机床运动或操作；由若干条程序段构成"数控加工程序"，表示一个零件的某一部分完整的加工过程。数控程序格式规定：一个完整的数控加工程序由程序名、程序主体、程序结束三部分组成，用于实现零件某一加工部位的连续自动加工。其中，程序主体由许多条程序段按程序段号（N05）的大小顺序依次排列组成，每一条程序段又由程序段号、准备功能字、尺寸字、进给功能字、主轴功能字、刀具功能字、辅助功能字、程序段结束符等组成。

3. 准备功能 G 指令

常用的功能指令包括准备功能指令（G 指令）和辅助功能指令（M 指令），它们的指令功能通常有统一规定，可以在指令表中查找。

准备功能 G 指令代码的功能如表 12-1 所示，主要用于定义加工方式、坐标系选择、坐标平面选择、刀具半径补偿、刀具长度补偿等机床操作功能。必须注意，在不同的机床数控系统中，同一个 G 指令代码的功能可能完全不同，我们在编写数控加工程序时需要认真阅读数控机床的编程说明书，严格按说明书的规定编写程序，防止产生重大失误和事故。

表 12-1 准备功能 G 代码（JB 3208—1983）

代码	模态	非模态	功能	代码	模态	非模态	功能
G00	a		快速点定位	G50	#（d）	#	刀具偏置 0/-
G01	a		直线插补	G51	#（d）	#	刀具偏置+/0
G02	a		顺时针方向圆弧插补	G52	#（d）	#	刀具偏置-/0
C03	a		逆时针方向圆弧插补	G53	f		直线偏移注销
G04		*	暂停	G54	f		直线偏移 X
G05	#	#	不指定	G55	f		直线偏移 Y
G06	a		抛物线插补	G56	f		直线偏移 Z
G07	#	#	不指定	G57	f		直线偏移 XY
G08		*	加速	G58	f		直线偏移 XZ
G09		*	减速	G59	f		直线偏移 YZ
C10~G16	#	#	不指定	G60	h		准确定位 1（精）
G17	c		XY 平面选择	G61	h		准确定位 2（中）
G18	c		ZX 平面选择	G62	h		快速定位（粗）
G19	c		YZ 平面选择	G63		*	攻螺纹
G20~G32	#	#	不指定	G64~G67	#	#	不指定
G33	a		螺纹切削，等螺距	G68	#（d）	#	刀具偏置，内角
G34	a		螺纹切削，增螺距	G69	#（d）	#	刀具偏置，外角
G35	a		螺纹切削，减螺距	G70~G79	#	#	不指定
G36~C39	#	#	永不指定	G80	e		固定循环注销
G40	d		刀具补偿/刀具偏置注销	G81~G89	e		固定循环
G41	d		刀具补偿—左	G90	j		绝对尺寸
G42	d		刀具补偿—右	G91	j		增量尺寸
G43	#（d）	#	刀具偏置—正	G92		*	预置寄存
G44	#（d）	#	刀具偏置—负	G93	k		时间倒数进给率
G45	#（d）	#	刀具偏置+/+	G94	k		每分钟进给
G46	#（d）	#	刀具偏置+/-	G95	k		主轴每转进给
G47	#（d）	#	刀具偏置-/-	G96	i		恒线速度
G48	#（d）	#	刀具偏置-/+	G97	i		每分钟转数（主轴）
G49	#（d）	#	刀具偏置 0/+	G98~G99	#	#	不指定

注：1.#号：如选作特殊用途，必须在程序格式说明中说明；

2. 表中凡有小写字母 a、b、c、d……指示的 G 代码为同一组续效性代码，又称为模态指令。

1) G00 ~ G03（运动控制指令）　其中 G00 为快速移动指令，编程格式为：G00 X _____ Y _____ Z _____，表示将刀具快速移动到指定点（X，Y，Z）位置，移动过程中刀具不切削工件；G01 为直线进给指令，编程格式为 G01 X _____ Y _____ Z _____ F _____，表示刀具以 F 进给量由当前位置出发，加工直线到达点（X，Y，Z）处。因为"G01"、"F"均为模态指令，所以前面的程序段一经指定，若不改变进给速度，则后面的程序段不必重复书写。

G02、G03 为圆弧插补指令，G02 表示顺时针方向圆弧插补，G03 表示逆时针方向圆弧插补，编程格式为：G02（G03）X _____ Y _____ I _____ J _____（R _____）F _____。其中 X、Y 为圆弧的终点坐标值。I、J 分别为从圆弧起点到圆心的矢量在 X、Y 轴上的投影。无论是绝对值还是增量值编程，I，J 均按增量值计算。G02、G03 均为模态指令。

2) G40、G41、G42（刀具半径补偿指令）　其中 G40 为取消刀具半径补偿功能；G41 为刀具左补偿，称为左刀补；G42 为刀具右补偿，称为右刀补。刀具半径补偿的编程格式为：G01（G00）G41（G42）D _____ X _____ Y _____ F _____；其中 D 的数值为刀具补偿值寄存器序号。如 D01 表示第 1 号刀具的刀具补偿值存放于 D01 刀具补偿值寄存器中，该刀具补偿值需要预先由操作者现场输入。

3) G04（暂停指令）　该指令可使刀具在短时间内暂停进给运动，常用于车削环槽、锪孔和棱角加工等。其编程格式为：G04 X _____ 或 G04 P _____；其中 X 值或 P 值为暂停的时间。G04 为非模态指令。

4) 固定循环指令　在数控加工中有许多典型的连续加工过程常常需要多次重复使用，如钻孔、镗削和攻螺纹等。为了简化编程，常将这些典型加工过程定义为相应的固定循环加工指令。以数控车床的普通螺纹车削固定循环指令为例，其编程格式为：G86 U _____ W _____ L _____ D _____ F _____；其中 G86 为螺纹车削固定循环加工指令，U、W 为第一刀终点 X、Z 的相对坐标值；L 为循环次数；D 为 X 方向的循环增量值，单位为 mm；F 为螺纹的导程，单位为 mm。

4. 辅助功能 M 指令

辅助功能 M 指令代码的功能如表 12-2 所示，是用于控制机床辅助操作的一类命令，如开、停切削液泵，主轴正转、反转、停转，以及程序结束等。

1) M02、M30　程序结束指令。其中，M30 可使数控加工程序返回起始点。

2) M03、M04、M05　主轴顺时针旋转、逆时针旋转、停转指令。

3) M06　换刀指令，执行自动换刀动作。

4) M98、M99　子程序调用指令。M98 用于从主程序中调用子程序；M99 用于子程序结束返回主程序。

5. 子程序的使用

子程序的编程格式为：M98 P _____ L _____；其中 P 后的数字为子程序号，L 后的数字为子程序调用次数。L 的默认值为 1，即调用一次。

6. S、F、T 指令

1) S 指令　主轴速度指令。由地址 S 和后面的数字表示，单位常用 m/min 或 r/min。

2) F 指令　进给速度指令。由地址 F 和后面的数字表示，单位常用 mm/min 或 mm/r（切削螺纹时用）。

3）T指令 刀具选择指令。由地址T和后面的2~4位数字表示。T后的数字为待使用的新刀刀具号，或表示待用的新刀具在刀库或刀塔上的位置。

表 12-2 辅助功能 M 代码（JB 3208—1983）

代码	功能开始时间		模态	非模态	功 能
	与程序段指令 运动同时开始	在程序段指令 运动完成后开始			
M00		*		*	程序停止
M01		*		*	计划停止
M02		*		*	程序结束，不倒带
M03	*		*		主轴顺时针方向
M04	*		*		主轴逆时针方向
M05		*	*		主轴停止
M06	#	#		*	换刀
M07	*		*		2号冷却液开
M08	*		*		1号冷却液开
M09		*	*		冷却液关
M10	#	#		*	夹紧
M11	#	#		*	松开
M12	#	#	#	#	不指定
M13	*		*		主轴顺时针方向，冷却液开
M14	*		*		主轴逆时针方向，冷却液开
M15	*			*	正运动
M16	*			*	负运动
M17~M18	#	#	#	#	不指定
M19				*	主轴定向停止
M20~M29	#	#	#	#	永不指定
M30		*		*	程序结束并返回
M31	#	#		*	互锁旁路
M32~M35	#	#	#	#	不指定
M36	*			*	进给范围1
M37	*			*	进给范围2
M38	*			*	主轴速度范围1
M39	*			*	主轴速度范围2
M40~M45	#	#	#	#	如有需要可作为齿轮换挡，此外不指定

代码	功能开始时间		模态	非模态	功　　能
	与程序段指令运动同时开始	在程序段指令运动完成后开始			
M46～M47	#	#	#	#	不指定
M48		*		*	注销 M49
M49	*			*	进给率修正旁路
M50	*			*	3 号冷却液开
M51	*			*	4 号冷却液开
M52～M54	#	#	#	#	不指定
M55	*			*	刀具直线位移，位置 1
M56	*			*	刀具直线位移，位置 2
M57～M59	#	#	#	#	不指定
M60		*		*	更换工件
M61	*			*	工件直线位移，位置 1
M62	*			*	工件直线位移，位置 2
M63～M70	#	#	#	#	不指定
M71	*			*	工件角度位移，位置 1
M72	*			*	工件角度位移，位置 2
M73～M89		#	#	#	不指定
M90～M99	#	#	#	#	永不指定

　　注：1. * 号表示：该代码具有表头中列出的相应功能；

　　　　2. # 号表示：如选作特殊用途，必须在程序说明中说明；

　　　　3. M90～M99 可指定为特殊用途。

12.2　数控车床操作方法

12.2.1　数控车床的组成

　　数控车床是目前使用较为广泛的数控机床。如图 12-5 所示为经济型数控车床简图，它的数控系统包括数控计算机、控制电源、伺服电机、编码器、显示器等；它的机床本体包括床身、主轴箱、电动回转刀架、进给传动系统、冷却系统、润滑系统、安全保护系统等。

12.2.2　数控车床加工工艺的制定

　　在数控车床上加工零件时，制定数控加工工艺的方法与步骤如下：

　　(1) 分析零件图样，明确技术要求和加工内容。

　　(2) 确定工件坐标系原点位置。在一般情况下，Z 轴应设置为与工件的回转中心线重合，X 轴的零点应设置为在工件的右端面上。

图 12-5　经济型数控车床

（3）确定数控加工工艺路线。首先确定刀具的起始点位置：该起始点应有利于安装和检测工件；同时，该起始点一般也作为加工的终点。其次确定粗、精车的走刀路线：在保证零件加工精度和表面粗糙度的前提下，应尽可能使加工总路线为最短。最后确定换刀点位置：换刀点位置可以设置为与刀具的起始点重合，也可以设置为不重合，应以在自动换刀过程中不发生干涉为原则。

（4）选择合理的切削用量。主轴转速 S 根据刀具材料而定，大致范围为30~2 000 r/min，应同时参考工件材料和加工性质（粗、精加工）选取。进给速度 F 根据零件的加工精度和加工性质而定，大致范围：粗加工为 0.2~0.3 mm/r，精加工为 0.08~0.18 mm/r，快速移动为 100~2 500 mm/min。背吃刀量 a_{p} 根据零件的刚度和加工性质而定，粗加工时一般不小于2.5 mm，半精加工时一般为 0.5 mm，精加工时约为 0.1~0.4 mm。

（5）选择合适的刀具。根据零件的形状和精度要求选择刀具，自动回转刀架最多可以安装 4 把刀具。

（6）编制和调试加工程序。

（7）仿真检查，然后首件试切，最终应完成一个合格零件从毛坯到成品的全部加工工作。

12.2.3　FANUC 系统数控车床的操作方法

数控机床因数控系统的系列、型号、规格和机床生产厂家的不同，在操作方法、使用功能和面板设置上，往往有许多不相同。下面以 BEIJING—FANUC Series 0i Mate 为例进行介绍。

1. CRT/MDI 面板的按钮及功能

FANUC 0i Mate 数控系统的 CRT/MDI 面板按钮布置如图 12-6 所示，现将其主要功能介绍如下。

（1）复位（RESET）键。解除报警，置 CNC 复位时按此键。

（2）帮助（HELP）键。了解 MDI 键的操作、显示 CNC 的操作方法及 CNC 中发生报警时使用该键（帮助功能）。

（3）软键。根据不同场合，软键具有多种用途。按功能键后，再根据要求按软键，可

图 12-6　FANUC 0i Mate 数控系统的 CRT/MDI 面板

以显示更加详细的画面。此外，软键还用于实际加工运行。

（4）地址/数值键。用于输入字母、数字等字符。

（5）换挡（SHIFT）键。有的地址键上印刷了两个字符，按 $\boxed{\text{SHIFT}}$ 可以实现字符的切换。按下该键后画面上显示 ∧。

（6）输入（INPUT）键。按下地址或数值键时，数据将输入到缓冲器并显示在 CRT 上。欲将输入至缓冲器中的信息设定到偏移寄存器或其他内存中时，须按 INPUT 键。该键与软键的［输入］键功能相同，使用任何一个都可以。

（7）清除（CAN）键。清除输入至缓冲器中的字符时，按此键。

（8）编辑键。编辑程序时使用，其功能为：

$\boxed{\text{ALTER}}$ 变更。

$\boxed{\text{INSERT}}$ 插入。

$\boxed{\text{DELETE}}$ 删除。

（9）功能键。用于各显示画面的转换，其功能为：

$\boxed{\text{POS}}$ 显示位置画面时按此键。

$\boxed{\text{PROG}}$ 程序画面时按此键。

$\boxed{\text{OFFSET/SETTING}}$ 偏移/设定画面时按此键。

$\boxed{\text{SYSTEM}}$ 系统画面时按此键。

$\boxed{\text{MESSAGE}}$ 信息显示画面时按此键。

$\boxed{\text{CUSTOM/GRAPH}}$ 不使用。

（10）光标移动键。有 4 种光标移动键，可以使光标实现上、下、左、右方向的移动。

（11）翻页键。有两种翻页键，使 CRT 画面顺向或逆向切换。

2. 机床操作面板的按钮及功能

（1）电源开关：机床的总电源开关位于机床的背面。工作时先将总电源开关置于

"ON"。

（2）急停按钮及报警指示。

① 急停按钮：当出现紧急情况而按下紧急停止按钮时，机床及 CNC 装置立即处于急停状态。这时在屏幕上出现"EMG"字样，机床报警指示灯亮。如要消除急停状态，可顺时针方向转动急停按钮，使按钮放松向上弹起，并按下复位键即可。

② 机床报警指示灯。当机床出现各种报警时，该指示灯亮，报警消除后该灯熄灭。

（3）模式选择按钮。

① 编辑（EDIT）。按下该按钮可以对存储在内存中的程序数据进行编辑操作。

② 手动数据输入（MDI）。在该状态下，可以在输入了单一的指令或几条程序段后，立即按下循环启动按钮使机床动作，以满足操作需要。

③ 自动执行（AUTO）。按下该按钮后，可自动执行程序。当按下下述按键之一后，其自动运行又有以下 5 种不同的形式：

a. 机床锁住（MLK）。按下该按钮后刀具在自动运行过程中的移动功能将被限制执行，但能执行 M、S、T 指令。系统显示程序运行时刀具的位置坐标。该功能主要用于检查程序编制是否正确。

b. 空运行（DRN）。按下该按钮以后，在自动运行过程中刀具按机床参数指定的速度快速运行。该功能主要用于检查刀具的运行轨迹是否正确。

c. 程序段跳跃（BDT）。按下该按钮后，程序段前加"/"符号的程序段被跳过执行。

d. 单段运行（SBK）。按下该按钮后，每按一次循环启动按钮，机床将执行一段程序后暂停；再次按下循环启动，则机床再执行一段程序后暂停。采用这种方法可对程序及操作进行检查。

e. 选择停止（M01）。按下该按钮后，在自动执行的程序中，出现有"M01"指令的程序段时，其加工程序将停止执行。这时主轴功能、冷却功能等也将停止。再次按下循环启动后，系统将继续执行"M01"以后的程序。

④ 手动连续进给（JOG）：

a. 手动连续慢速进给。实现手动连续慢速进给时，按下 JOG 进给方向键按钮不放，该指定轴即沿指定的方向进行进给。进给速率可通过 F 进给倍率旋钮进行调节，调节范围为 0%～150%。另外，对于在自动执行的程序中所指定的进给速度 F，也可用进给速度倍率旋钮进行调节。

b. 手动连续快速进给。在按下 RAPID 按钮后，再按方向选择按钮，即可实现某一轴的手动快速进给。

⑤ 手轮进给操作（HANDLE）。先选择进给轴，再选择按键上方所示的增量步长。然后摇动手摇脉冲发生器，顺时针方向旋转为正向进给，逆时针方向旋转为负向进给。

⑥ 手动返回参考点（ZRN）。在该状态下可以执行返回参考点的功能。当某轴返回参考点指令执行完成后，该轴对应的返回参考点指示灯亮。

（4）循环启动执行按钮。

① 循环启动开始按钮（CYCLE START）。在自动运行状态下，按下"循环启动"按钮，机床自动进行加工程序。

② 循环启动停止按钮（CYCLE STOP）。在机床循环启动状态下，按下"循环停止"按

钮，程序运行及刀具运动将处于暂停状态，其他功能如主轴转速、冷却等保持不变。再次按下循环启动按钮，机床重新进入自动运行状态。

（5）主轴功能。

① 主轴反转按钮（CCW）。在 HANDLE（手轮）模式或 JOG（手动）模式下，按下该按钮，主轴将逆时针转动。

② 主轴正转按钮（CW）。在 HANDLE（手轮）模式或 JOG（手动）模式下，按下该按钮，主轴将顺时针转动。

③ 主轴停转按钮（STOP）。在 HANDLE（手轮）模式或 JOG（手动）模式下，按下该按钮，主轴将停止转动。

④ 主轴点动按钮（S 点动）。按下主轴"点动"按钮，主轴旋转；松开该按钮，主轴则停止旋转。

（6）其他功能：手动转刀按钮。每按一次"刀架转位"按钮，刀架将依次转过一个刀位。

3. 数控车床的操作步骤

（1）接通电源。

① 检查 CNC 和机床外观是否正常。

② 接通机床电器柜电源，按下"电源开"按钮。

③ 检查 CRT 画面显示资料。如果 CRT 屏幕上出现 CNC 数控装置未准备好（NOT READY）报警信号，说明"急停"按钮被按下尚未复位，此时应顺时针旋转急停按钮，使按钮放松弹起，则急停状态解除。

④ 检查散热风扇等是否正常运转。

（2）手动操作。

① 返回参考点手动操作。由于数控机床大多采用增量式检测系统，机床一旦断电，数控系统就将失去对参考点坐标的记忆；当再次接通数控系统的电源后，操作者必须首先进行返回参考点操作。此外，当数控机床在工作过程中遇到急停信号或超程报警信号时，待故障排除后恢复数控机床的工作时，也必须进行返回机床参考点操作。具体的操作步骤如下：

a. 选择模式按钮 REF 及 JOG 。

b. 持续按下"+X"轴的方向选择按钮，直到 X 轴的返回参考点指示灯亮之后才松开。

c. 持续按下"+Z"轴的方向选择按钮，直到 Z 轴的返回参考点指示灯亮之后才松开。在返回参考点过程中，为了刀具及机床的安全，数控车床的返回参考点操作一般应按先 X 轴后 Z 轴的顺序进行。

② 拖板的手动进给。

a. 快速移动。按下 RAPID 再按方向键，即可实现拖板的快速移动，达到刀架快速接近或离开工件的目的。

b. 手轮进给操作。选择模式按钮 HANDLE ，在机床面板上选择移动刀具的坐标轴，再选择增量步长，然后旋转手摇脉冲发生器，向相应的方向移动刀具。

③ 程序的编辑操作：

a. 建立一个新程序：选择模式按钮 EDIT ，按下功能键 PROG ，输入地址符 O，输入程序号，按下 INSERT 键，按下 EOB 键即可完成新程序号的输入。然后输入程序内容，建立新程序时要注意建立的程序号应为存储器中所没有的新程序号。

b. 调用内存中存储的程序：选择模式按钮 EDIT，按下功能键 PROG，输入地址符 O，输入程序号，按下 CURSOR 向下移动键，即可完成程序的调用。

c. 删除程序：选择模式按钮 EDIT，按下功能键 PROG，输入地址符 O，输入程序号，按下 DELETE 键，即可完成程序的删除。

（3）工件的装夹。

装夹工件棒料时，应使三爪自定心卡盘夹紧工件棒料，并留有一定的夹持长度。棒料的伸出长度应考虑到零件的加工长度及必要的安装距离等。如装夹外圆已经精车的工件，必须在工件的外圆上包一层铜皮，以防止损伤工件的外圆表面。

（4）设置刀具偏移值（设定工件坐标系）。

① 设置 X 向、Z 向的刀具偏移值：按下主轴正转按钮 CW，摇动手摇脉冲发生器或直接采用 JOG 方式，试切工件端面后，沿 X 方向退刀，记录下 Z 向机械坐标值。按 MDI 键盘中的 OFFSET/SETTING 键，按软键 [补正] 及 [形状] 后，显示出的刀具偏置参数画面如图 12-7 所示。移动光标键，选择与刀具号相对应的刀补参数（如 1 号刀，则将光标移至 01 行），输入 "Z0"，按软键 [测量]，Z 向刀具偏移参数即自动存入（其值等于记录的 Z 值）。试切外圆后，刀具沿 Z 向退离工件，记录下 X 向机械坐标值 "X1"。停机实测外圆直径（假设测量出直径为 50.123 mm）。在画面的 "01" 行中，输入 "X50.123" 后，按软键 [测量]，X 向的刀具偏移参数即自动存入。1 号刀具偏置设定完成，其他刀具同样设定。

刀具补正/形状				O0001 N0000
番号	X	Z	R	T
001	−173.579	−234.567	2.000	3
002	−116.399	−227.433	0.500	8
003	0.000	0.000	0.000	0
004	0.000	0.000	0.000	0
005	0.000	0.000	0.000	0
006	0.000	0.000	0.000	0
007	0.000	0.000	0.000	0
008	0.000	0.000	0.000	0

现在位置(相对坐标)

U0.000 　　 W0.000

X50.123

MEN****** 　　 14: 20: 30

[NO检索] 　 [测量] 　 [C输入] 　 [+输入] 　 [输入]

图 12-7　数控系统的刀具补偿参数设定

② 设置刀尖圆弧半径的补偿参数：刀尖圆弧半径与刀尖方位号同在图 12-7 所示画面中进行设定。例如，1 号刀为外圆车刀，刀尖圆弧半径为 2 mm；2 号刀为普通外螺纹车刀，刀尖圆弧半径为 0.5 mm，则其设定方法如下：移动光标键，选择与刀具相对应的刀具半径参数，如 1 号刀，则将光标移至 "01" 行的 R 参数，键入 "2.0" 后按下 INPUT 键；再次移动光标键，选择与刀具号相对应的刀尖方位号参数，如 1 号刀，则将光标移至 "01" 行的 T 参数，键入 "3" 之后，按下 INPUT 键。采用同样的方法，设定第二把刀具的刀尖圆弧半径补偿参数，其刀尖圆弧半径值为 0.5 mm，车刀在刀架上的刀尖方位号为 8。

③ 附注：假想刀尖方位号的规定。数控车床通常按圆弧形刀尖来对刀和执行刀具半径补偿，假想使刀尖的中心位置与数控加工程序的起刀点重合。如果假想刀尖的方位号不同，则刀尖半径补偿量与补偿方位也不相同。从刀尖圆心出发，观察到的假想刀尖方位号，由刀具的进给方向决定，并可以从图 12-8 所示的 8 种方式中进行判别和选择。假想刀尖方位号必须与刀尖圆弧半径值同时提前输入计算机，前者输入刀具补偿参数设定画面第 4 位 "T" 处，后者输入刀具补偿参数设定画面第 3 位 "R" 处。由此可知，数控机床的刀具半径补偿功能给数控编程及数控加工带来了极大的便利。

图 12-8　假想刀尖方位号的规定

（5）自动加工。自动加工的操作步骤为：

① 调出需要执行的程序，确认程序正确无误。

② 按下模式选择按钮 AUTO。

③ 按下按钮 PROG，按下软键［检视］，使屏幕显示正准备执行的程序及坐标。

④ 按下 "循环启动按钮（CYCLE START）"，自动循环执行加工程序。

（6）关闭机床。关闭机床的操作步骤为：

① 检查操作面板上的循环启动灯是否关闭。

② 检查 CNC 机床的移动部件是否都已经停止移动。

③ 如果外部输出/输入设备接在机床上，应当先关闭外部设备的电源。

④ 按下 "急停" 键后，按下 "电源关" 按钮，关闭机床的总电源。

（7）机床保养。数控加工完成之后，要按规定对机床和工作环境进行清理、维护和保养。

12.2.4　数控车床加工实例

加工如图 12-9 所示的小轴零件，材料 45# 圆钢，毛坯尺寸 φ35 mm×130 mm，试编制该零件数控车削的加工程序。

1. 分析零件图纸

经形体分析，该零件的轮廓由圆锥面、圆弧面、圆柱面、倒角、螺纹、切槽等几何要素组成，可采用 G71 多重复合循环车削指令来编制其外圆粗加工程序，退刀槽则可采用 3 mm 的切刀直接加工。M16 为普通粗牙螺纹，螺距＝2 mm，螺纹小径可以按 d(螺纹大径)−1.1t (螺距)来估算，计算可得螺纹的小径＝16−1.1×2＝13.8（mm），加工程序可采用 G92 螺纹车削固定循环指令来编制。该零件采用一次装夹的方法完成全部加工。

2. 制定车削加工工艺

（1）确定装夹方法和加工顺序：以 φ35 外圆为基准，采用三爪自定心卡盘装夹工件。编程原点选择在零件右端面回转中心处。加工顺序如下：① 车端面；② 用 G71 多重复合循环车削指令粗车各外圆，留精车余量 0.3 mm；③ 用 G70 精加工多重复合循环指令精车各外圆轮廓至尺寸；④ 车 3×2 mm 螺纹退刀槽；⑤ 用 G92 单一车螺纹循环指令，分 5 刀车削 M16 螺纹；⑥ 切断。

（2）选择刀具：因工件材料为 45# 圆钢，选择机夹可转位不重磨式刀具，选用 YTl5 硬质合金刀片。1# 刀为 90° 外圆粗车车刀，刀尖圆弧半径为 0.8 mm；2# 刀为 90° 外圆精车车刀，刀尖圆弧半径为 0.3 mm；3# 刀为高速钢切槽车刀，刀刃宽度为 3 mm；4# 刀为 YT5 硬质合金外螺纹车刀，螺纹牙型角为 60°。

（3）切削用量：粗车时，背吃刀量 a_p＝1.0 mm、进给量 F＝0.2 mm/r、主轴转速 S＝600 r/min；精车时，a_p＝0.15 mm、进给量 F＝0.1 mm/r、主轴转速 S＝1 000 r/min。

（4）刀具布置：如图 12-9 所示，将刀具安装到相应的刀位上。

图 12-9　小轴零件加工

3. 小轴零件的数控加工程序：

```
%
O6600
    N010 G50 X100 Z160;              工件坐标系设定
    N020 M03 S600 T0101;            主轴正转 600 r/min，调用 1# 刀具、1# 刀补
    N025 M08;                        开切削液
    N030 G00 X38.0 Z0.0;            快速接近工件
    N035 G01 X0.0 F0.15;            粗车加工右端面
```

N040 G00 X42.0 Z5.0;	快速退刀
N050 X36.0 Z2.0;	快进，到达 G71 循环起点
N060 G71 U1.5 R0.2;	G71 粗车循环
N070 G71 P80 Q160 U0.3 W0.1 F0.2;	
N080 G00 X12.0;	
N085 G01 Z0.0;	
N090 X16.0 Z-2.0 F0.1;	倒角 C2
N100 Z-28.0;	
N110 X24.0 Z-38.0;	车锥面
N120 Z-48.0;	
N130 G03 X32.0 Z-52.0 R4.0;	车 R4 圆角
N140 G01 Z-68.0;	
N150 X34.0;	
N160 Z-85.0;	车 φ34 外圆
N170 G00 X100.0 Z160.0 T0100;	快速返回换刀点，取消 1# 刀补
N180 S1000 T0202;	变换转速 1 000 r/min，调用 2# 刀具、2# 刀补
N190 G00 X36.0 Z2.0;	快速进刀，至精车循环起点
N200 G70 P80 Q160;	精车循环
N210 G00 X100.0 Z160.0 T0200;	快速返回换刀点，取消 2# 刀具半径补偿
N220 S200 T0303;	变换转速 200 r/min，调用 3# 刀具、3# 刀补
N240 G00 X17.0 Z-25.0;	快速进刀接近工件
N250 G01 X12.0 F0.08;	切螺纹退刀槽
N260 G04 U0.4;	槽底动作，暂停 5 转
N270 G00 X20.0;	快速退刀
N280 X100.0 Z160.0 T0300;	快速返回换刀点，取消 3# 刀具半径补偿
N290 T0404;	调用 4# 刀、4# 刀补
N300 G00 X20.0 Z16.0;	快速进刀，至 G92 螺纹车削单一循环的起点
N310 G92 X15.0 Z-26.5 F2.0;	G92 螺纹车削单一循环，第 1 刀
N320 X14.5;	螺纹车削单一循环，第 2 刀
N330 X14.2;	螺纹车削单一循环，第 3 刀
N340 X13.9;	螺纹车削单一循环，第 4 刀
N350 X13.8;	螺纹车削单一循环，第 5 刀
N360 G00 X100.0 Z160.0 T0400;	快速返回换刀点，取消 4# 刀具半径补偿
N370 T0303;	调用 3# 刀、3# 刀补
N380 G00 X36.0 Z-85.0;	快速进刀，定位
N390 G01 X0.0 F0.1;	切断
N400 G00 X100.0 Z160.0 T0300;	快速返回换刀点，取消 3# 刀具半径补偿
N410 M09;	关切削液
N420 M30;	程序结束，倒带

12.3　数控铣床操作方法

12.3.1　数控铣床的结构

数控铣床是出现最早的数控机床，在制造业中具有举足轻重的地位，在汽车、航空航天、军工、模具等行业得到了广泛的应用。

数控铣床按用途不同，可分为数控立式铣床、数控卧式铣床、数控龙门铣床等多种。数控铣床主要由床身、立柱、铣头、纵向工作台、横向床鞍、升降台、电气控制系统等组成。它能够完成铣削、镗削、钻削、攻螺纹及自动工作循环等基本的工作，还可加工各种形状复杂的凸轮、样板及模具零件。图 12-10 所示为立式数控铣床，床身固定在底座上，用于安装和支承机床各部件，控制台上有彩色液晶显示器、机床操作按钮和各种开关及指示灯。纵向工作台、横向床鞍安装在升降台上，通过纵向进给伺服电机、横向进给伺服电机和垂直升降进给伺服电机的驱动，完成

图 12-10　立式数控铣床

X、Y、Z 坐标的进给。电器柜安装在床身立柱的后面，其中装有电器控制部分。

12.3.2　数控铣床的主要加工对象

数控铣床主要用于加工各种黑色金属、有色金属及非金属的平面轮廓零件、空间曲面零件和孔加工。数控铣床的主要加工对象有：

1）平面轮廓零件。各种盖板、凸轮以及飞机整体结构件中的框、肋等。

2）曲面轮廓零件。各类模具中常见的各种曲面，一般需要采用三坐标联动，甚至四、五轴坐标联动进行加工。

3）螺纹。内外螺纹、圆柱螺纹、圆锥螺纹等。

12.3.3　数控铣床加工工艺的制定

数控铣床加工工艺的制定方法与数控车床类似，主要步骤为：

（1）分析零件图样，明确技术要求和加工内容。

（2）根据工件的加工要求和工件在数控铣床上的装夹方式，确定工件坐标系原点位置。通常可将工件坐标系原点选在工件顶面某个对称要素的中心点处，可将该点位置相对于机床原点的坐标值记入零点偏置寄存器 G54。

（3）确定加工工艺路线。首先，按不同的加工表面或加工要求来选择不同的铣刀；然后确定铣刀的加工起始点位置；最后确定加工路线和刀具轨迹，确定采用环切或平行切削方式走刀等。在确定铣刀的起始点和加工路线时，应注意区分铣刀的加工特性，例如立铣刀的端面没有切削刃，就不能采用 Z 向直接下刀扎入工件表面的走刀路线，而应改用具有端面切削刃的键槽铣刀来加工未作预钻孔的内腔表面。

（4）选择合理的切削用量。主轴转速 S 的范围一般为 300~3 200 r/min，根据工件材料和加工性质（粗、精加工）选取；进给速度 F 的范围为 1~3 000 mm/min，粗加工选用 70~100 mm/min，精加工选用 1~70 mm/min，快速移动选用 100~2 500 mm/min。

（5）编制和调试加工程序。

（6）完成零件加工。

12.3.4　数控铣床程序格式及指令

数控铣床所用的加工程序格式和指令，与数控车床的加工程序格式大致相同，可参见 12.1.5 节。但由于数控铣床是三轴或多轴联动的机床，比数控车床更为复杂，因此数控铣床的加工指令与数控车床有下列不同。

（1）在直线插补指令中允许有 X、Y、Z 三个坐标值出现。

（2）数控系统具有孔加工点位固定循环加工指令（G80~G89）等。

（3）数控铣床加工中，特有的加工指令还有零点偏置（G54~G57）指令。由于数控铣床加工的零件比较复杂，大都是采用大型工程软件由计算机辅助自动编程，所得到的数控加工程序与加工机床不一定匹配，需要有一种转换方式。为此，绝大多数数控铣床均设置零点偏置寄存器，将工件编程原点相对于机床原点的坐标值用 G54（或 G55、G56、G57 等）指令记入机床零点偏置寄存器中，以便加工时按需要进行调用。

12.3.5　数控铣床的操作

数控铣床配置的数控系统不同，其操作面板的形式也不相同，但各种开关、按键的功能及操作方法大同小异。图 12-11 所示为 FANUC 0—MD 数控系统的控制面板，其功能键的功能说明如表 12-3 所示。数控铣床的操作步骤如下：

图 12-11　FANUC 0—MD 系统操作面板

表 12-3 FANUC 0—MD 系统控制面板上各键的功能

名　称	按　键	功　能　说　明
复位键	RESET	复位数控系统
光标移动键	CURSOR	一步步移动光标： ↑——向前移动光标 ↓——向后移动光标
页面变换键	PAGE	用于屏幕选择不同页面： ↑——向前变换页面 ↓——向后变换页面
替换键	ALTER	编程时用于替换输入的字（地址、数字）
插入键	INSERT	编程时用于替换输入的字（地址、数字）
删除键	DELETE	编程时用于删除已输入的字或删除程序
取消键	CAN	取消上一个输入的字符
位置显示键	POS	在屏幕上显示机床现在的位置
程序键	PRGRM	在编辑方式时，编辑和显示在内存中的程序；在 MDL 方式时，输入和显示 MDI 数据
自诊断参数键	DGNOS PARAM	设定和显示参数表及自诊断表的内容
报警号显示键	OPR ALARM	按此键显示报警号
输入键	INPUT	除程序编辑方式外，当在面板上按一个字母或数字键后，必须按此键才能输入到 CNC 内
输出启动键	OUTPUT START	按下此键，CNC 开始输出内存中的参数或程序到外部设备

1. 开机

由于各种型号数控机床的结构及数控系统有所差异，具体的开机过程请参看机床操作说明书。通常可按下列步骤进行：

（1）检查机床状态是否正常；

（2）检查电源电压是否符合要求，接线是否正确；

（3）松开"急停"按钮；

（4）机床上电；

（5）数控上电；

（6）检查风扇电机运转是否正常；

（7）检查面板上的指示灯是否正常。

2. 安装工件（毛坯）

利用手动方式尽量把 Z 轴抬高，利用手动方式将工作台降低，装上平口钳进行调整，然后把平口钳紧固在工作台上。装上工件并紧固，根据加工高度调整工作台的位置，并进行锁紧。

3. 输入程序

将数控加工程序（.nc）输入数控系统，由于使用的数控系统不同，输入方式也会有差异，请参看数控系统使用说明书。

4. 对刀

首先让刀具在工件的左右两侧碰刀，使刀具逐渐靠近工件，并在工件和刀具之间放一张薄纸来回抽动。如果感觉到纸抽不动了，说明刀具与工件的距离已经很小，此时可将手动速率调节到 1 μm 或 10 μm 挡，慢慢将刀具移向工件，同时用塞尺检查间隙，直到塞尺不能通过为止，记下此时的 X 坐标值。把得到的左、右 X 坐标值相加并除以 2，此时的位置即为 X 轴的 0 点位置；Y 轴同样如此对刀。利用工件的上平面与刀具接触来确定 Z 轴的位置。在实际生产中，还可以借助百分表、寻边器等工具进行对刀，操作方法从略。

5. 加工

选择自动方式，按下循环启动按钮，铣床进行自动加工。加工过程中要注意观察切屑情况，并随时调整进给速率，保证在最佳条件下切削。

6. 关机

工件加工完毕后，卸下工件，清理机床，然后关机。关机的步骤如下：

（1）按下控制面板上的"急停"按钮；

（2）断开数控系统电源；

（3）断开机床电源。

12.3.6 数控铣床加工实例

如图 12-12 所示的平面凸轮零件，毛坯材质为 45# 调质钢，其两端面和 4×φ13H7 孔均已加工完毕，现拟在数控铣床上铣削凸轮周边的轮廓曲线表面，数控加工过程如下。

图 12-12　平面凸轮零件简图

1. 加工工艺分析

经图纸分析可知，该凸轮曲线由若干段圆弧连接而成。ϕ30H7 孔为设计基准，故取 ϕ30H7 孔和一个端面作为主要定位面，消除 5 个自由度；另取一个 ϕ13H7 孔用于定位，在该孔内放置削边销消除 1 个自由度，使工件完全定位。在端面上用螺母垫圈将工件压紧。因为 ϕ30H7 孔既是设计基准又是定位基准，所以对刀点选在 ϕ30H7 孔中心线与上端面的交点处，这样做很容易确定刀具中心与零件的相对位置。

2. 加工参数调整

加工坐标系原点在 X 和 Y 方向上设置在工作台中间，可在 G53 坐标系中取 $X=-400$，$Y=-100$。Z 坐标的设置按刀具长度和夹具、零件的高度决定，如选用 ϕ20 的立铣刀，取零件上端面为 Z 向坐标零点，该点在 G53 坐标系中的位置为 $Z=-80$ 处。将上述 3 个数值设置到 G54 加工坐标系中。

3. 确定走刀路线

该凸轮的轮廓曲线由若干段圆弧组成，只需计算出各基点坐标，使用刀具半径补偿功能，就可以编制该零件的数控加工程序。走刀加工路线如图 12-13 所示。

4. 数控加工程序

该平面凸轮轮廓曲线表面的数控加工程序及其说明如下：

图 12-13　平面凸轮加工走刀路线

```
%
O6088
```

N10 G54 X0 Y0 Z40；	进入加工坐标系
N20 G90 G00 Gl7 X−73.8 Y20；	由起刀点到加工开始点
N30 Z2；	下刀至零件上表面
N40 G01 Z−16 F200；	下刀至零件下表面以下 1 mm
N50 G42 G01 X−63.8 Y10 F80 H01；	开始刀具半径右补偿
N60 Y0；	沿切线切入零件至 A 点
N70 G03 X−9.96 Y−63.02 R63.8；	切削 AB
N80 G02 X−5.57 Y−63.76 R175；	切削 BC
N90 G03 X63.99 Y−0.28 R64；	切削 CD
N100 X63.72 Y0.03 R0.3；	切削 DE
N110 G02X44.79Y19.6R21；	切削 EF
N120 G03 X14.79 Y59.18 R46；	切削 FG
N130 X−55.26 Y25.05 R61；	切削 GH
N140 G02 X−63.02 Y9.97 R175；	切削 HI
N150 G03 X−63.80 Y0 R63.8；	切削 IA
N160 G01 X−63.80 Y−10；	沿切线由 A 点切削零件

N170 G00 G40 X-73.8 Y-20;	取消刀具补偿
N180 Z40;	Z 向抬刀
N190 X0 Y0 M02;	返回加工坐标系原点，程序结束

参数设置：H01=10，G54：X=-400，Y=-100，Z=-80。

5. 自动编程简介

数控铣削加工中，由于加工零件比较复杂，采用自动编程代替手工编程，可快速准确高效地编制数控加工程序。自动编程是借助计算机大型应用工程软件辅助工作，由计算机自动计算刀位点坐标和自动生成复杂零件数控加工程序的方法。但在自动编程的过程中，计算机不可能自动完成加工工艺分析的工作，还必须由具有丰富专业技术知识的人才能完成，所以自动编程要以熟练掌握手工编程方法作为基础。自动编程及其操作步骤为：

1）熟悉自动编程系统的功能与使用方法。了解自动编程系统的功能框架，这是数控加工自动编程的基础，因此需要了解系统的数控加工编程能力，熟悉系统的界面及使用方法，了解系统文件的管理方式。

2）分析零件加工工艺。主要内容包括：分析待加工表面，确定编程原点及编程坐标系。

3）几何造型。在零件工艺分析的基础上，对加工表面及其约束面进行几何造型。造型可在 CAD/CAM 集成编程系统中进行，也可在 CAD 软件中进行，然后通过格式转换为 CAM 软件所能接受的格式。目前所使用的 CAD、CAM 软件很多，如 PRO/E、UG、AUTOCAD、MASTERCAM、SOLIDWORKS、CAXA、POWERMILL 等。

4）选择合适刀具。根据加工表面及其约束表面的几何形态，选择合适的刀具类型及刀具尺寸。

5）生成刀具轨迹。对于自动编程来说，当走刀方式、加工刀具及加工次数确定之后，系统将自动生成所需的刀具轨迹。该工作阶段所涉及的加工参数包括：安全高度、主轴转速、进给速度、刀具轨迹间的残留高度、切削深度、加工余量、进刀/退刀方式等。

6）刀具轨迹验证。如果系统具有刀具轨迹验证功能，对可能产生过切、干涉与碰撞的刀位点，可采用自动编程系统提供的刀具轨迹验证手段进行检验。

7）后置处理。根据所选用的数控系统，调用其机床数据文件，运行数控编程系统提供的后置处理程序，将刀位源文件转换成数控加工程序。

12.4　数控加工中心操作方法

12.4.1　加工中心概述

加工中心是具有自动换刀机械手和自动可转位刀库的多功能数控机床。加工中心机床在工件一次装夹后可自动转位、自动换刀、自动调整主轴转速和进给量、自动完成多工序的加工。加工中心的种类很多，最常见的有加工箱体类零件的镗铣加工中心和加工回转体零件的车削加工中心。

如图 12-14 所示为卧式镗铣加工中心机床，它有一个链式回转刀库，可以容纳 40~80 把刀具，可对工件连续自动地进行镗、铣、钻、扩、铰和攻螺纹等多种加工。当一种加工内容完成后，机床主轴停止转动并自动返回换刀位置，主轴孔内的刀具拉紧机构自动松开，换刀机械手自动将已用过的刀具从主轴上卸下，自动装入下一步加工所需使用的刀具。

图 12-14　卧式镗铣加工中心机床

加工中心机床适合用于实现多功能的自动化多品种加工，从而可以大大简化工艺设计，减少零件的运输总量，提高设备的利用率和生产率，并可简化和改善生产管理。加工中心机床为实现 CAD（计算机辅助设计）/CAPP（计算机辅助工艺规程设计）/CAM（计算机辅助制造）一体化提供了重要的物质条件和技术保证。

12.4.2　加工中心适宜加工的零件

加工中心适宜于加工形状复杂、工序较多、精度要求较高的零件，其主要加工对象有下列几类。

1. 平面类零件

平面类零件泛指单元面是平面或可以展开为平面的一类零件。圆柱面也属于平面类零件。它们是数控铣削加工对象中最简单的一类，一般只需采用两坐标联动加工即可实现。对于有些斜平面类零件的加工，常用方法如下：① 当工件尺寸不大时，可用斜垫板垫平后加工；若机床主轴可以偏转角度，亦可将主轴偏转后进行加工；② 当工件尺寸很大、斜面坡度又较小时，常用行切法加工，对于加工面上留下的残余高度，可用电火花或钳工修整等方法加以清除；③ 加工斜面的最佳方法是用侧刃进行加工，这样做加工质量好，加工效率高，但对机床联动坐标数要求较多，且编程较为复杂。

2. 变斜角类零件

变斜角类零件指加工面与水平面的夹角呈连续变化的零件。这类零件的加工面不能展开为平面，如飞机上的大梁、框架、缘条与筋板等。加工变斜角类零件常采用 4 坐标联动或 5

坐标联动加工中心机床，将主轴偏转角度后使用刀具侧刃进行加工，但加工程序的编制相对困难；也可采用 3 轴联动或 2.5 轴联动加工中心进行近似加工，但加工质量较差。

3. 箱体类零件

箱体类零件指具有型腔和孔系，且在长、宽、高方向上有一定比例的零件，如汽车的发动机缸体、变速箱、齿轮泵壳体等。箱体类零件一般要进行多工位的平面加工和孔系加工，通常要经过铣、钻、扩、镗、铰、锪、攻螺纹等许多道工序。若在普通机床上加工，所需的工装设备较多，需要多次装夹、找正，需要频繁地更换刀具和手工测量，所需费用高，加工周期长。若在加工中心上加工，一次装夹条件下即可完成普通机床 60%~95% 的工序内容，加工尺寸一致性好，质量较为稳定，生产周期短。

4. 曲面类零件

曲面类零件指加工面不能展开为平面，在加工过程中加工面与铣刀始终为点接触的空间曲面类零件，如整体叶轮、导风轮、螺旋桨、复杂模具型腔等。曲面类零件在普通机床上很难加工甚至有时无法加工，而在加工中心机床上进行加工则较为容易。

12.4.3 加工中心华中数控系统的操作方法

12.4.3.1 华中世纪星 HNC—22M 系统操作面板

数控加工中心常用的数控系统包括 FANUC、SIEMENS 和华中数控系统等。华中世纪星 HNC——22M 是一款具有我国自主知识产权的适用于数控加工中心机床的中、高档数控系统，它的操作面板由 CNC 控制面板和机床操作面板，以及手持操作单元等组成。

1. CNC 控制面板

CNC 控制面板和机床操作面板如图 12-15 所示，其中，CNC 控制面板部分由一个 7.5′彩色 LCD、分辨率为 640×480 的液晶显示器和 MDI 键盘构成。MDI 键盘上各功能键的功能如表 12-4 所示。

图 12-15　HNC-22M 的 CNC 控制面板和机床操作面板

表 12-4 MDI 键盘上各键的功能

功能键	名称	功　能　说　明
F1 ~ F10	功能软键	根据 LCD 界面最下一行所提供的信息，进入相应的功能界面
X^A ~ N^O	地址/数字键	按下这些键，输入字母、数字和运算符号等；配合上挡键，可输入键右上角的字母、符号等
Esc	退出键	按下此键，可取消某些错误操作
Tab	制表键	备用键
SP	空格键	按下此键，可在光标所在处插入空格
BS	退格键	按下此键，从右开始删除光标处的前一个字符
PgUp	页面交换键	返回上一级界面
PgDn	页面交换键	进入下一级界面
Shift	上挡键	按下此键，同时按下某一地址/数字键，能实现该地址/数字键右上角字母或符号的输入
Alt	替换键	在编程时用于替换输入的字（地址、数字）
◀ ▲ ▶ ▼	光标移动键	按下这些键，使光标在操作区上下左右移动
Upper	上挡键	按下此键，输入地址/数字键右上角的字母和符号
Del	删除键	按下此键，删除光标处的后一个字符
Enter	输入键	按下此键，系统接受数据输入

在 CNC 控制面板上有十个功能软键 F1~F10，它们用于实现显示屏上相应菜单的软件功能。如果显示屏上显示的是主菜单，按下第 1 个功能软键 F1，显示屏将进入程序管理界面。同理，按下第 4 个功能软键 F4，显示屏将进入刀具补偿界面。

由于显示屏上操作区的切换大部分是通过功能软键来实现的，所以熟练地使用功能软键对提高数控加工中心的操作水平有着重要的作用。

2. 机床操作面板

机床操作面板位于控制面板的下方，用于控制机床的各种加工运行方式和速度修调等。其中，各控制键、按钮和旋钮的功能如表 12-5 所示。

表 12-5 机床操作面板上控制键和按钮的功能

控制键	名称	功　能　说　明
循环启动	启动键	按下此键，启动程序运行等

控制键	名称	功能说明
进给 保持	进给保持键	按下此键，暂停程序运行
自动	自动键	按下此键，自动执行加工程序
单段	单段键	按下此键，以单段方式执行加工程序
手动	手动键	按下此键，以手动方式执行机床动作
增量	增量键	按下此键，以增量方式执行机床动作
回零	回零键	按下此键，结合按下各轴方向键，完成机床回零操作
空 运行	空运行键	按下此键，执行空运行
×1 ×10 ×100 ×1000	增量变量键	在增量方式工作时，按下此键，坐标轴以步进增量 1 μm、10 μm、100 μm、1 000 μm 移动
超程 解除	超程解除键	出现超程时，按下此键，同时按下超程反方向键，解除超程
Z轴 锁住	Z 轴锁住键	按下此键，锁住 Z 轴，手动方式时有效
机床 锁住	机床锁住键	按下此键，锁住机床各轴，手动方式时有效
冷却 开停	冷却开停键	按下此键，切削液开，再按下此键，切削液关，手动方式时有效
换刀 允许	换刀允许键	按下此键，允许进行换刀操作，再按下此键，禁止换刀操作
刀具 松/紧	刀具松/紧键	按下此键，刀具松开，允许进行换刀操作，再按下此键，刀具收紧
主轴 定向	主轴定向键	按下此键，主轴定向停止
主轴 冲动	主轴冲动键	按下此键，主轴转过一定角度
主轴 制动	主轴制动键	按下此键，主轴制动在当前位置

续表

控制键	名称	功 能 说 明
主轴 正转	主轴正转键	按下此键，主轴正转，手动方式时有效
主轴 停止	主轴停止键	按下此键，主轴停转，手动方式时有效
主轴 反转	主轴反转键	按下此键，主轴反转，手动方式时有效
－ 100% ＋	修调键	共有主轴修调、快速修调和进给修调三种，以修调它们的速度
+4TH −4TH	第四轴键	选择第四轴运动
+X ~ −Z	X、Y、Z 轴移动键	选择将被移动的坐标轴及方向
快进	快进键	在按下轴移动键的同时，按下此键，可实现坐标轴的快速移动
⟲	急停按钮	当出现紧急情况时，按下此按钮，机床主轴和各进给轴立即停止运行

3. 手持操作单元

数控系统手持操作单元的体积小巧灵活，可以很方便地置于任何位置进行操作，它的外形如图 12-16 所示。

按下机床操作面板上的 增量 键后，数控系统工作在增量方式，此时手持操作单元操作有效。

手持操作单元左上方的旋钮用于选择进给轴的方向，X、Y、Z 和 A 表示增量进给方向，OFF 表示关闭增量进给。

右上方的旋钮表示增量单位，×1、×10、×100 的含义与操作面板上的增量变量键相同。

左上侧面一红色按钮为手持操作单元使能按钮，按下此按钮后摇动手轮，相应坐标轴的工作台移动，否则，手轮动作无效。

图 12-16　手持操作单元

下方手轮用于控制相应坐标轴进给，与使能按钮配合，摇动手轮手柄，工作台移动。

右上方明显突出的红色按钮为急停按钮，其作用与操作面板上的急停按钮相同。

12.4.3.2 华中世纪星 HNC—22M 系统操作方法

1. 开机

开机的操作步骤如下：

1）打开外部总电源，启动压缩空气源。

2）打开数控加工中心总开关，系统进入自检。

3）松开急停按钮，此时将显示主菜单界面，如图 12-15 所示。

2. 回零操作

开机后，为了使数控系统对机床零点进行记忆，必须进行回零操作。其操作步骤如下：

1）在机床操作面板上按下 回零 ，然后分别按下 +X 、 +Y 、 +Z 进行回零操作，直到相对坐标位置和机床坐标位置处的 X、Y、Z 值均为 0.000，才完成回零操作。如果在没有全部完成回零操作时就手动移动坐标轴，系统会出现报警。

2）回零后要及时退出，以避免长时间压住行程开关而影响机床寿命。按下 手动 后分别按下 -X 、 -Y 、 -Z ，使工作台和主轴箱移出零点位置。

在机床操作过程中，如果按下过 急停 、 主轴制动 、 Z轴锁住 、 超程解除 等按钮，需要重新进行机床回零操作，否则数控系统会对机床零点失去记忆而造成事故。

3. 手动方式操作

加工中心的手动操作包括：主轴的正、反转及停止；坐标轴的手动进给移动；切削液的开关操作等。

1）主轴的手动操作。

（1）按下 手动 ，进入手动方式，然后按下 主轴正转 ，主轴以系统默认的转速正转。

（2）在手动方式下，需要让主轴停止转动时，按下 主轴停止 ，主轴停止转动。

（3）在手动方式下，按下 主轴反转 ，主轴以系统默认的转速反转。

（4）如主轴在转动过程中需要调整转速，可通过按主轴修调按钮 - 100% + ，主轴转速将在 0%～150% 之间变化，每按一次 - 或 + ，主轴转速变化 10%。

2）坐标轴的移动操作。

在手动方式下，如需向 X 轴正向移动，按 +X 键，坐标轴以系统默认的进给速度移动。如需调整进给速度，可通过按进给修调按钮 - 100% + ，进给速度将在 0%～200% 之间变化，每按一次 - 或 + ，进给速度变化 10%。其他方向依此类推。

3）切削液的开关操作。

在手动方式下，按下 冷却开停 ，切削液开；再次按下此键，切削液关。

4. 增量方式操作

增量方式操作一般与手持操作单元结合使用。按下 增量 按钮，进入增量操作方式，然后在手持操作单元上用左上方旋钮选择进给方向，用右上方旋钮选择进给增量变量，旋钮的增量变量有 ×1、×10、×100，按下手持操作单元左面的 HANDLE ENABLE 按钮（参见图 12-16），右手摇动脉冲手轮，机床以增量方式移动。

5. MDI 方式操作

如需运行某段程序，叮采用 MDI 方式，在"MDI"区域输入程序段。MDI 运行适用于简单的测试操作。MDI 运行操作过程如下：

1）在主菜单界面中，按 F3 键，进入 MDI 界面。

2）在"MDI"区域输入程序段。按下 Enter ，选择自动运行方式，按下 循环 启动 ，运行"MDI"区域输入的程序段。

6. 关机

1）按下操作面板上和手持操作单元上的急停按钮。

2）关闭加工中心总电源空气开关。

3）关闭压缩空气源，关闭外部总电源。

12.4.4 加工中心加工实例

如图 12-17 所示端盖零件，材料为 45# 调质钢，六个表面均已加工完毕，现拟使用立式加工中心机床加工端盖上的各孔组要素，试编制数控加工程序。

图 12-17 端盖零件图

1. 工艺分析

根据图纸要求，该零件有多个通孔、沉孔、螺纹孔需要加工，可选择 A 面作为定位基准面，用两块平行垫铁将工件垫起，采用压板夹紧，以便一次装夹完成所有孔组的加工。工件的 X 向和 Y 向原点选在工件中心，Z 向原点选在工件上表面处，快速进给切换点（R 点）选在工件表面上方 2 mm 处，对刀点选在 Z 向原点上方 400 mm 处。

加工中需要用到的刀具为：ϕ3 mm 中心钻（T01）、ϕ10 mm 麻花钻头（T02）、ϕ11.85 mm 扩孔钻（T03）、ϕ12 mmH8 铰刀（T04）、ϕ16 mm 锪孔钻（T05）、ϕ14 mm 麻花钻头（T06）、M16 机用丝锥（T07）。刀具长度补偿号分别为 H01、H02……H06 和 H07。

该零件的加工路线如下：钻/扩/铰 6-ϕ12 H8 通孔和钻/锪同轴沉孔→钻 2-M16 螺纹底孔→攻 2-M16 螺纹孔。

2. 加工程序

程序	说明
O1600	程序号
N010 G90 G92 X0 Y0 Z400;	工件坐标系设定
N020 T01 M06;	换 01 号刀（中心钻）
N030 G00 X60 Y0;	6# 孔位，快速定位
N040 G43 Z50.0 H01 S1000 M03;	下刀，刀具长度补偿，主轴正转 1 000 r/min
N050 G98 G81 Z-5.0 R2.0 F50;	固定循环（钻中心孔）
N060 M98 P0005;	调用子程序，钻 1#~5# 孔
N070 G00 G49 Z350.0 M05;	提刀，取消刀具长度补偿，主轴停转
N080 T02 M06;	换 02 号刀（麻花钻头 ϕ10）
N090 X60.0 Y0;	6# 孔位，快速定位
N100 G43 Z50 H02 S600 M03;	下刀，刀具长度补偿，主轴正转 600 r/min
N110 G98 G81 Z-18.0 R2.0 F75;	钻 ϕ10 孔固定循环
N120 M98 P0005;	调用子程序
N130 G00 G49 Z400.0 M05;	提刀，取消刀具长度补偿，主轴停转
N140 T03 M06;	换 03 号刀（扩孔钻 ϕ11.85）
N150 X60.0 Y0;	6# 孔位，快速定位
N160 G43 Z4.0 H03 S300 M03;	下刀，刀具长度补偿，主轴正转 300 r/min
N170 G98 G81 Z-19.0 R2.0 F45;	扩 ϕ11.85 孔固定循环
N180 M98 P0005;	调用子程序
N190 G00 G49 Z350.0 M05;	提刀，取消刀具长度补偿，主轴停转
N200 T04 M06;	换 04 号刀（铰刀 ϕ12H8）
N210 X60.0 Y0;	6# 孔位，快速定位
N220 G43 Z4 H04 S50 M03 M08;	下刀，刀具长度补偿，开主轴，开冷却液
N230 G98 G81 Z-17.0 R2.0 F45;	铰 ϕ12H8 孔固定循环
N240 M98 P0005;	调用子程序
N250 G00 G49 Z400.0 M05 M09;	提刀，取消刀补，主轴停转，关冷却液
N260 T05 M06;	换 05 号刀（锪孔钻 ϕ16）
N270 X60.0 Y0;	6# 孔位，快速定位
N280 G43 Z4 H05 S500 M03;	下刀，刀具长度补偿，开主轴 500 r/min
N290 G98 G82 Z-5.0 R2.0 P2500 F45;	锪 ϕ16 孔固定循环
N300 M98 P0005;	调用子程序

N310 G00 G49 Z350.0 M05;	提刀，取消刀具长度补偿，主轴停转
N320 T06 M06;	换 06 号刀（钻头 φ14）
N330 X0 Y60.0;	7#孔定位
N340 G43 Z4.0 H06 S500 M03;	下刀，刀具长度补偿，主轴正转 500 r/min
N350 G99 G81 Z-20.0 R2.0 F40;	钻孔 φ14，固定循环
N360 X0 Y-60.0;	8#孔，钻孔 φ14 通
N370 G00 G49 Z350 M05;	提刀，取消刀具长度补偿，主轴停转
N380 T07 M06;	换 07 号刀（丝锥 M16）
N390 X0 Y60;	7#孔定位
N400 G43 Z4 H07 S50 M30 M08;	下刀，刀具长度补偿，主轴正转 50 r/min
N410 G99 G84 Z-20.0 R8.0 F02;	攻螺纹固定循环，7#孔位
N420 X0 Y-60.0;	攻螺纹固定循环，8#孔位
N430 G00 G49 Z350 M05 M09;	提刀，取消刀补，主轴停转，关冷却液
N440 G91 G28 Z0;	Z 轴返回机床原点
N450 G28 X0 Y0;	X 轴、Y 轴返回机床原点
N460 M30;	机床停止并复位，程序结束（返回开头）
O0005	子程序号
N10 X56.57 Y56.57;	1#孔位
N20 X-56.57;	2#孔位
N30 X-60.0 Y0;	3#孔位
N40 X-56.57 Y-56.57;	4#孔位
N50 X56.57;	5#孔位
N60 M99;	返回主程序

12.5　数控加工实习安全技术

（1）开机之前检查大拖板、工作台、导轨等运动件上面是否有异物，如有必须移去。

（2）检查电压、油压、气压是否正常，检查自动润滑系统油箱中的润滑油是否充裕，气源开关是否打开，确保开机后可以正常换刀和正常润滑。

（3）上电之后，松开急停按钮（包括手持操作单元上的急停按钮），然后进行回零操作。回零操作时先回 Z 轴，然后再回 X、Y 轴，以建立机床坐标系。"返回参考点"操作完成之后，应及时退出参考点。

（4）装刀之前检查刀柄与拉钉是否安装牢固无松动，启动主轴之前检查刀具在主轴上是否已装紧，开车加工之前仔细检查工件的装夹是否安全可靠。

（5）将 Z 轴提升到安全高度试运行，检查是否有压板螺栓等障碍物的干涉，并加以排除。

（6）认真核对刀具补偿值和刀补号，绝对不能有误。

（7）单段试运行时，操作面板进给修调旋钮必须先旋到最低挡，根据情况再逐步调整。

（8）加工时如果出现紧急情况，应立即按下面板上的"急停"按钮，此时运动系统电源切断，主轴停转，机床各部件均停止移动。"急停"之后要及时排除故障，认真查找原因，确认安全之后方可关闭防护门，继续加工。

（9）实习学生在操作时必须集中注意力，谨慎操作；旁观的同学禁止按动控制面板上的任何按钮或旋钮，以免发生意外事故。任何人严禁随意修改或随意删除机床参数设置。

（10）加工中心使用的刀具，其质量和长度均不得超出限额规定；将刀具装入刀库之前，应当擦净刀柄和刀具体；注意防护，使切屑、冷却液等不得进入刀库，一旦进入则应及时清理干净。

（11）数控实习完毕关机之前，应将刀具移动到位于较高的安全位置，清除工作台上的切屑，将进给速度修调值"置零"；然后切断电源、清理机床、关闭机床防护门。

复习思考题

（1）什么叫数控车床？它与普通车床的主要区别是什么？

（2）简述数控车床、数控铣床、数控加工中心机床的主要加工对象是什么？它们的应用范围有哪些？

（3）数控机床开机后为什么要先回参考点？如何执行数控机床的手动返回参考点操作？

（4）以数控车床加工为例，试述刀具补偿值设定的操作过程。

（5）自动编程与手工编程相比较有哪些特点？自动编程是否可以完全代替手工编程？

（6）按运动坐标数和同时控制的坐标数，数控机床可分为三轴二联动、三轴三联动等，试说明上列说法中"轴"和"联动"的含义是什么？

（7）先编程后加工如图 12-18 所示的零件。工件材料为 $\phi45\times100$ mm，45 钢，要求采用两把右偏刀分别进行粗、精车加工。

（8）先编程后加工如图 12-19 所示的零件。工件材料为 $\phi2\times90$ mm，45 钢，要求采用两把刀分别进行粗、精车加工。

图 12-18 习题（7）插图

图 12-19 习题（8）插图

第四篇 附 录

第13章

综合作业

综合作业要求学生独立完成一个完整零件的机械加工全部操作过程。

综合作业的目的，是通过全过程的零件加工实际操作训练，提高学生的实际动手能力，扩展学生的专业知识面，为后续专业课程的学习奠定基础。

用于综合作业的实习零件，各院校应结合本校情况尽量选择实际的产品，以降低实习成本；在暂时找不到合适产品的情况下，可以使用如下实习件进行综合作业练习，并以此作为评定学生金工实习成绩的重要依据。

13.1 综合作业1 车削套类零件

13.1.1 题目

如图13-1所示的套类零件，毛坯尺寸为$\phi85\times120$ mm棒料，毛坯材料为HT200灰铸铁，单件生产，试完成该零件的车削加工全部操作过程。

13.1.2 综合作业操作提要

1. 分析零件的主要尺寸公差和技术要求

1）$\phi24^{+0.021}_{0}$孔的尺寸公差很小，公差等级为IT7级，但表面粗糙度仅为$Ra1.6$ μm，要求并不高。

2）$\phi68^{0}_{-0.2}$外圆表面对$\phi24^{+0.021}_{0}$内孔表面的同轴度允差为$\phi0.05$ mm。

3）$\phi80$右端面对$\phi68^{0}_{-0.2}$外圆轴线的垂直度允差为0.05 mm。

综合考虑上述三项，该零件的技术要求不算太高，采用一次装夹、同时加工即可达到。

2. 保证尺寸公差及形位公差的工艺措施

1）$\phi24^{+0.021}_{0}$内孔表面采用精车即能满足尺寸公差和$Ra1.6$ μm的表面粗糙度要求，但为了减低操作难度，实作时使用内径百分表进行测量。

2）选择$\phi66^{0}_{-0.2}$外圆表面为定位基准面，在一次装夹中同时加工$\phi80$右端面、$\phi68^{0}_{-0.2}$

图 13-1 套（材料：HT200）

外圆柱面及 $\phi24^{+0.021}_{0}$ 内孔表面，即可保证各要素之间的垂直度和同轴度要求。

3. 分析车削顺序，制订车削步骤

经工艺分析，该套类零件的车削步骤如表 13-1 所示，可供学生完成该综合作业时参考。

表 13-1　套的车削步骤

序号	加工简图	加工内容	刀具，量具
1	≥50 $\phi85$ 120	车端面，用三爪卡盘装夹，伸出长度≥50，端面车平即可	45°弯头车刀，钢尺
2	45 $\phi80$	车外圆 $\phi80$，长度为 45	45°弯头车刀，游标卡尺，钢尺
3	30±0.5 $\phi66^{0}_{-0.2}$	车台阶面，外圆为 $\phi66^{0}_{-0.2}$，长度为 30±0.5	90°偏刀，游标卡尺

序号	加工简图	加工内容	刀具，量具
4		倒角 2-C1	45°弯头车刀
5	$\phi 66_{-0.2}^{0}$ 80	调头装夹 $\phi 66_{-0.2}^{0}$，车端面，保证长度 80	45°弯头车刀，卡尺
6	$\phi 68_{-0.2}^{0}$ 70±0.2	车台阶面，外圆 $\phi 68_{-0.2}^{0}$、长度 70±0.2	90°偏刀，游标卡尺
7	$\phi 60_{-0.15}^{0}$ 55±0.15	车台阶面，外圆 $\phi 60_{-0.15}^{0}$、长度 55±0.15	90°偏刀，游标卡尺
8	$\phi 54_{-0.1}^{0}$ 20±0.1	车台阶面，外圆为 $\phi 54_{-0.1}^{0}$、长度为 20±0.1	90°偏刀，游标卡尺
9		倒角 3-C1	45°弯头车刀
10		车槽 2-4×1.5	车槽刀，卡尺

序号	加工简图	加工内容	刀具，量具
11		钻中心孔 ϕ3.5	中心钻
12		钻通孔 ϕ18	麻花钻头
13	$30^{+0.01}_{0}$ $\phi24^{+0.01}_{0}$	车内孔，孔径为 $\phi24^{+0.021}_{0}$，孔深30	不通孔内孔车刀，内径百分表，游标卡尺
14		车内孔孔口倒角 $C1$	45°弯头车刀
15	$\phi54^{0}_{-0.1}$ $\triangleright$ 1:5 $(\alpha/2=5°43')$	车锥面，锥度 1：5，大端直径 $\phi54^{0}_{-0.1}$，$\alpha/2=5°43'$	45°弯头车刀，游标卡尺，量角器
16	M60×2	车螺纹 M60×2	螺纹车刀，钢尺，螺纹千分卡尺，螺距规
17	$\phi68^{0}_{-0.2}$	调头装夹，倒内角 $C1$	45°弯头车刀

13.2 综合作业2 磨削套类零件

13.2.1 题目

有一个套类零件需要磨削加工，零件简图如图 13-2 所示。该零件的材料为 38CrMoAl，要求淬火后磨削，然后采用氮化处理，最终硬度达到 900HV。

图 13-2 套类零件简图

13.2.2 综合作业操作提要

1. 工艺特点分析

该类零件的特点是内、外圆表面的同轴度要求很高，因此淬火后磨削时应尽量采用在一次安装中加工完成，以保证内、外圆表面的同轴度要求。如果万一不可能在一次安装中完成全部表面的磨削加工，则应先磨削加工内孔，然后以内孔定位、用心轴安装，接着磨削加工外圆表面。

2. 分析磨削顺序，制订磨削步骤

该套类零件的磨削步骤，参见表 13-2。

表 13-2 套类零件磨削步骤

工序	加工内容	砂轮	设备	装夹方法
1	以 $\phi45_{-0.016}^{0}$ 外圆定位，百分表找正，粗磨 $\phi25$ 内孔，留精磨余量 0.04～0.06	PA60KV6P20×6×6	MD1420	三爪自定心卡盘
2	粗磨 $\phi40_{0}^{+0.025}$ 内孔	PA60KV6P30×10×10	MD1420	三爪自定心卡盘
3	氮化			
4	精磨 $\phi40_{0}^{+0.025}$ 内孔	PA80KV6P30×10×10	MD1420	三爪自定心卡盘
5	精磨 $\phi25_{0}^{+0.021}$ 内孔	PA80KV6P20×6×6	MD1420	三爪自定心卡盘
6	以 $\phi25_{0}^{+0.021}$ 内孔定位，粗、精磨 $\phi45_{-0.016}^{0}$ 外圆至尺寸要求	WA80KV6P300×40×75	MD1420	心轴

13.3 综合作业3 刨削矩形垫铁

13.3.1 题目

有一矩形垫铁零件如图13-3所示，材料为灰铸铁，六面均需加工，要求各相对表面相互平行，各相邻表面相互垂直。

图 13-3 矩形垫铁的零件简图

13.3.2 综合作业操作提要

1. 工艺特点分析

根据该零件具有多面加工、平行度和垂直度要求较高、单件小批生产方式等特点，选择该零件在牛头刨床上进行刨削加工，采用平口钳装夹安装。

2. 分析刨削顺序，制订刨削步骤

经分析，该零件的具体刨削步骤见表13-3。

表 13-3 矩形垫铁的刨削步骤

序号	加工内容	加工简图	装夹方法
1	先刨出大平面①作为基准面	41.5	平口钳装夹
2	以面①为基准，紧贴固定钳口，在工件与活动钳口间垫圆棒，夹紧后加工平面②	51.5	平口钳装夹

序号	加工内容	加工简图	装夹方法
3	以面①为基准，紧贴固定钳口，翻身180°使面②朝下，紧贴平口钳导轨面，加工平面④至尺寸	50 ± 0.05	平口钳装夹
4	将面①放在平行垫铁上，工件夹紧在两钳口之间，并使面①与平行垫铁贴实，加工面③至尺寸。如面①与垫铁贴不实，也可在工件与钳口间垫圆棒	40 ± 0.05	平口钳装夹
5	将平口钳转90°，使钳口与刨削方向垂直，刨端面⑤	102	平口钳装夹
6	同样方法刨端面⑥至尺寸	100	平口钳装夹

13.4　综合作业4　锉削六角螺母

13.4.1　题目

如图13-4所示的六角螺母，毛坯尺寸为$\phi25$ mm棒料，毛坯材料为45钢，试完成该六角螺母的锉削制作。

图 13-4   六角螺母（材料：45 钢）

13.4.2 综合作业操作提要

制作该六角螺母的操作步骤如表 13-4 所示，可供学生完成该综合作业时参考。

表 13-4   制作六角螺母的操作步骤

操作序号	加工简图	加工内容	工具、量具
1. 备料		下料 材料：45 钢、φ25 棒料、长度 16	钢尺
2. 锉削		锉两端面 锉平行端面，高度 $H=14$，要求平面平直，两面平行	锉刀，钢尺
3. 划线		划线 在端面上定中心和划中心线，并按尺寸划出六角形边线和钻孔孔径线，打样冲眼	划针，划规，样冲，小手锤，钢尺
4. 锉削		锉六个侧面 先锉平一面，再锉与之相对平行的侧面，然后锉其余四个面。在锉某一面时，一方面参照所划的线，同时用 120° 角度尺检查相邻两平面的交角，并用直角尺检查六个侧面与端面的垂直度，用游标卡尺测量尺寸，检验平面的平面度、直线度和两对面的平行度。平面要求平直，六角形要均匀对称，相对平面要求平行	锉刀，钢尺，直角尺，120° 样板，游标卡尺

续表

操作序号	加工简图	加工内容	工具、量具
5. 锉削		两端倒角 划加工界线，倒好两端圆弧角	划规、直尺、划针、高度游标尺、锉刀
6. 钻孔		钻孔 计算 M12 螺纹底孔的钻孔直径。钻孔，并用大于底孔直径的钻头进行两端孔口倒角，用游标卡尺检查孔径	两种规格的钻头，游标卡尺
7. 攻螺纹		攻螺纹 用 M12 丝锥攻螺纹	M12 丝锥，铰杠

13.5 综合作业 5 制作手锤锤头

13.5.1 题目

如图 13-5 所示的手锤锤头，毛坯尺寸为 φ32×103 mm 棒料，毛坯材料为 45#钢，试完成该手锤锤头的制作。

13.5.2 综合作业操作提要

制作该手锤锤头的操作步骤如表 13-5 所示，可供学生完成该综合作业时参考。

表 13-5 制作手锤锤头的操作步骤

操作序号	加工简图	加工内容	工具、量具
1. 备料		下料 材料：45 钢、φ32 棒料、长度 103	钢尺
2. 划线		划线 在 φ32 圆柱两端表面上划 22×22 的加工界线，并打样冲眼	划线盘、直角尺、划针、样冲、手锤

操作序号	加工简图	加工内容	工具、量具
3. 錾削		錾削一个面 要求錾削宽度不小于 20，平面度、直线度 1.5	錾子，手锤，钢尺
4. 锯割		锯割三个面 要求锯痕整齐，尺寸不小于 20.5，各面平直，对边平行，邻边垂直	锯弓，锯条
5. 锉削		锉削六个面 要求各面平直，对边平行，邻边垂直，断面成正方形，尺寸 $20^{+0.2}_{0}$	粗、中平锉刀，游标卡尺，直角尺
6. 划线		划线 按工件图纸（图 13-5）尺寸划出加工界线，并打样冲眼	划针，划规，钢尺，样冲，手锤，划线盘（高度游标尺）等
7. 锉削		锉削五个圆弧 圆弧半径符合图纸要求	圆锉
8. 锯割		锯割斜面 要求锯割面整齐	锯弓、锯条
9. 锉削	A 向视图	锉削四个圆弧面和一个球面，要求符合图纸尺寸	粗、中平锉刀

续表

操作序号	加工简图	加工内容	工具、量具
10. 钻孔		**钻孔** 按图划线，然后用 φ9 钻头钻两孔，注意位置准确	φ9 钻头
11. 锉削		**锉通孔** 用小方锉或小平锉锉掉留在两孔间的多余金属，用圆锉将椭圆孔锉成喇叭口	小方锉或小平锉，8″中圆锉
12. 修光		**修光** 用细平锉和砂布修光各平面，用圆锉和砂布修光各圆弧面	细平锉，砂布
13. 热处理		**淬火** 两头锤击部位淬火至 HRC49～56，心部不淬火	由实习指导教师统一编号进行热处理，学生自行检查淬火后的工件硬度，并砂光各表面

图 13-5 手锤（材料：45 钢）

第 14 章
金工实习报告

使用说明：

本《金工实习报告》采用活页格式，按实习工种的内容和顺序进行编排，实习报告中的各栏目由学生根据教师的要求现场填写。学生应在实习教师的指导下阅读《金工实习》教材的有关章节，认真进行预习和准备，然后在确保安全的条件下完成实习操作。

实习过程中学生要特别重视实习教师的讲解和示范，细心领悟操作要领，先进行空车练习，熟练之后才能实际操作；分小组 2 人以上共同实习时，只允许一人操作设备，其余同学观察和记录，轮流实习，且应互相关照，确保安全。

本《金工实习报告》由学生在金工实习课内时间完成，由实习指导教师当场批改和答疑，当场给出学生单科工种的实习成绩，作为最终评定学生金工实习总成绩的重要原始依据。

1. 金工实习报告（金属材料的现场鉴别与热处理硬度）

班级_____ 姓名_____ 学号_____ 日期_____ 成绩_____

实习课题	课题1： 无标识金属材料的现场鉴别	课题2： 材料热处理硬度的现场测定
实习要求	车间现有 φ20×250 mm 无标识金属棒料一批，材质牌号可能为 20、45、T10、W18Cr4V、HT200 中的某一种。请你任选其中之一进行材料现场鉴别操作，判断该金属材料的牌号。	车间现有 20、45、T10 和 Cr12 四种金属材料的试样若干，试设计热处理实习方案并完成实际操作，然后测定试样的最终硬度，并给出实习结论。

实习方案

本课题可能采纳的实习方案有：
(1) 火花鉴别法；(2) 色标鉴别法；(3) 断口鉴别法；(4) 音响鉴别法；(5) 其他鉴别法。
你采纳的是：_____
采纳理由是：_____
_____

试样材料	20	45	T10	Cr12
原始硬度（HRC）				
加热温度（℃）				
淬火介质				
回火温度（℃）				
回火时间				
最终硬度（HRC）				

操作步骤与记录

(左栏空白横线)

1) 取试样，打标识，测原始硬度并记录；
2) 将试样放入箱式炉内加热，按"实习方案"预定的加热温度和保温时间操作；
3) 取出试样，迅速投入淬火介质中急冷；
4) 将试样放入回火炉内，保温回火；
5) 按标识，记录回火温度和回火时间；
6) 用砂纸砂光试样，在洛氏硬度计上测定试样的最终硬度，并给出实习结论。

实习结论

该材料牌号是：_____
判断的理由是：_____
_____
_____

(1) 在上述四种试样中，热处理后硬度最高的材料是：_____，热处理后硬度最低的材料是：_____。

(2) 淬火后必须回火吗？为什么_____

（实习思考题：）

1. 为什么在机械零件图纸上，通常只标注硬度指标值？

2. 金属材料的现场鉴别方法有哪几种？它们的鉴别原理以及准确程度如何？

3. 淬火、回火、退火、正火有什么区别？各用在什么场合？

| 实习
成绩 | | 指导教师签名 | | 批阅
日期 | | 年 月 日 |

2. 金工实习报告（铸造成型）

班级＿＿＿＿＿＿　　姓名＿＿＿＿＿＿　　学号＿＿＿＿＿＿　　日期＿＿＿＿＿＿　　成绩＿＿＿＿

实习课题	简单零件的手工造型及浇注（两个零件任取其一，也可改用其他零件）	
零件图纸	零件一：　　　　　　　　　　　零件二：	

零件一图纸标注：R60、150、60

轴承盖零件　　　　75　　200　　50

轴承座零件

实习方案	（画出铸造工艺简图、指出分型面，标出各部分的名称）	（画出浇注系统简图）
		工件材料：＿＿＿＿＿＿＿＿　　熔炼设备：＿＿＿＿＿＿＿＿　　浇注温度：＿＿＿＿＿＿＿＿

操作步骤与记录	（写出所使用的造型工具及操作方法：）

（实习思考题：）

1. 试用方框图表示铸造生产过程。

2. 常见的铸造缺陷有哪些？试分析三种铸造缺陷的特征和产生的原因，并提出相应的预防措施。

3. 写出你在实习车间中见到的 3~5 个铸件的名称，简要说明它们采用铸造方法来生产毛坯的理由。

实习 成绩		指导教师签名		批阅 日期	年　月　日

3. 金工实习报告（锻造成型）

班级_____ 姓名_____ 学号_____ 日期_____ 成绩_____

实习课题	轮盘类零件的自由锻工艺			

零件图纸

（坯料图：）

147

$\phi110$

（齿轮锻件图：）

$\phi38\pm5$

72 ± 2

$\phi158\pm3$

工件材料：_____

始锻温度：_____

终锻温度：_____

加热设备：_____

加热次数：_____

锻造设备：_____

	火次	工序名称	加 工 内 容	使用工具	操作说明
操作步骤与记录					

（实习思考题：）

1. 锻造之前将工件加热的作用是什么？可锻铸铁是否也可以锻造？为什么？

2. 锻造的温度范围是多少？锻件常见的加热缺陷有哪些？如何防止？

3. 什么叫自由锻？机器自由锻主要使用哪些设备，它们分别适合于锻造哪些类型锻件？

实习成绩		指导教师签名		批阅日期	年　月　日

4. 金工实习报告（板料冲压）

班级＿＿＿＿＿　　姓名＿＿＿＿＿　　学号＿＿＿＿＿　　日期＿＿＿＿＿　　成绩＿＿＿＿

实习课题	铰链零件的冲压工艺		
零件图纸		工件材料：＿＿＿＿＿＿＿＿＿＿ 板料厚度：＿＿＿＿＿＿＿＿＿＿ 设备型号：＿＿＿＿＿＿＿＿＿＿ 冲压模具1：＿＿＿＿＿＿＿＿＿ 冲压模具2：＿＿＿＿＿＿＿＿＿ 冲压模具3：＿＿＿＿＿＿＿＿＿	

操作步骤与记录	工序名称	加 工 内 容	设备名称	工装名称
	1.			
	2.			
	3.			
	4.			

（实习思考题：）

1. 冲压的基本工序有哪些？落料与冲孔有什么异同？剪切与冲裁又有什么异同？

2. 仔细观察存放在模具库内的某一备用冲模的结构，试画出该冲模的模具简图，并指出它的各个组成部分的名称和作用。

3. 写出你在实习车间中见到的 3~5 个冲压件的名称，简要说明它们采用冲压方法来进行生产的理由。

实习 成绩		指导教师签名		批阅 日期	年　月　日

5. 金工实习报告 (焊接成型)

班级_____ 姓名_____ 学号_____ 日期_____ 成绩_____

实习课题	1. 手工电弧焊操作及其工艺分析；2. 气焊操作或气割操作。

零件及设备简图

(请标明接线极性，正确画出完整的手工电弧焊接线简图)

接电网　直流电焊机　焊接电缆　焊条　工件(3 mm A3钢板)

(请补充画出平焊接头的坡口图)

0~2　1~6

工件材料：_____

板料厚度：_____

焊机型号：_____

焊条牌号：_____

操作步骤与焊接效果

焊接条件与焊接参数	(第1次焊接电流：) _____	(第2次焊接电流：) _____	(第3次焊接电流：) _____
电弧稳定性			
焊缝外观成形			
焊透与咬边			
焊缝中的气孔			
飞溅现象			

实习结果分析

(试分析焊接电流对焊接效果的不同影响)

（实习思考题：）

1. 手工电弧焊的常见缺陷有哪几种？试分析各种缺陷产生的原因及其改善措施。

2. 根据氧气焊接和氧气切割的工作原理，对比说明两者之间的异同。

3. 试说明电阻焊的种类、特点、基本形式及应用场合。

实习成绩		指导教师签名		批阅日期	年　月　日

6. 金工实习报告（车削加工 A）

班级_____ 姓名_____ 学号_____ 日期_____ 成绩_____

实习课题	微型手锤锤头的车削工艺及实际加工操作	
零件图		1. 毛坯材料和尺寸： 中碳钢，$\phi20\times$_____ 工艺说明 2. 车床型号： _____ 3. 装夹方法： _____

	序号	加 工 内 容	刀具简图	切削用量
操作步骤与记录	1.			
	2.			
	3.			
	4.			
	5.			

（实习思考题：）

1. 如图所示为 C618 车床主轴箱的传动系统图，问：

1）IV 轴共有几种不同的转速？

2）试计算 IV 轴的最高转速和最低转速各是多少？

2. 在车床上车削外圆锥工件，大端直径 $D = \phi 90$ mm，小端直径 $d = \phi 60$ mm，锥面长度 $L = 60$ mm，用小刀架转位法加工锥面，试求小刀架的转位角度。

3. 在车床上车削 $\phi 40$ mm 的外圆表面，选用主轴转速 $n = 500$ r/min。如果采用同样的切削速度车削 $\phi 25$ mm 的轴外圆表面，试求主轴的转速应该是多少？

实习 成绩		指导教师签名		批阅 日期		年　月　日

7. 金工实习报告（车削加工 B）

班级_____ 姓名_____ 学号_____ 日期_____ 成绩_____

实习课题	微型手锤锤柄的车削工艺及实际加工操作		
零件图		工艺说明	1. 毛坯材料和尺寸： 低碳钢，φ14×_____ 2. 车床型号： _____ 3. 装夹方法： _____

零件图标注：160，10，50±0.10，5，2，2，12，φ8，φ12，SR5±0.10，C1，4-槽宽0.5深0.1，φ6

	序号	加 工 内 容	刀具简图	切削用量
操作步骤与记录	1.			
	2.			
	3.			
	4.			
	5.			

（实习思考题：）

1. 本次实习车削手锤锤柄时，你所使用的车刀与车削锤头时的车刀角度有什么不同？为什么？

2. 车削细长轴类工件时，最容易造成工件报废的原因是什么？可以采用哪些工艺措施来提高工件的加工精度？

3. 在车床上采用偏移尾架法车削带锥体的工件时，已知工件长度 $L=200$ mm，锥体大端直径 $D=60$ mm，小端直径 $d=58$ mm，锥面的长度 $L=50$ mm，试求尾架的偏移量应为多少。

实习 成绩		指导教师签名		批阅 日期		年　月　日

8. 金工实习报告（铣工）

班级_____ 姓名_____ 学号_____ 日期_____ 成绩_____

实习课题	1. 铣削圆弧槽形工件			2. 铣削带斜面的角铁形工件		
零件图						
	工步	加工内容	检验结果	工步	加工内容	检验结果
操作步骤与记录	1.			1.		
	2.			2.		
	3.			3.		
	4.			4.		
	5.			5.		
	毛坯材料：_____ 铣床型号：_____ 安装方法：_____ 铣削用量：_____			毛坯材料：_____ 铣床型号：_____ 安装方法：_____ 铣削用量：_____		

（实习思考题：）

1. 什么是顺铣？什么是逆铣？试填写下列表格来比较顺铣与逆铣的特点。

	工作台运动平稳性	工件的表面质量	刀具耐用度	工件装夹稳定性	应用场合
顺铣					
逆铣					

2. 在卧式铣床上，铣刀的安装方法有哪几种？工件的安装方法又有哪几种？

3. 在某一工件的圆周上需要铣出 21 个均匀等分槽，求每次分度时分度头手柄的转数是多少？试选择确定分度头孔板上的孔圈孔数，以及分度头手柄每次应转过的孔数。

实习成绩		指导教师签名		批阅日期	年　月　日

9. 金工实习报告（钳工）

班级_____　姓名_____　学号_____　日期_____　成绩_____

实习课题	1. 锉削六角螺母零件	2. 镶嵌配合件的组合加工
零件图		

序号	加工部位	实测尺寸	序号	加工部位	实测尺寸
1.			1.		
2.			2.		
3.			3.		
4.			4.		
5.			5.		
6.			6.		

操作步骤与记录

（实习思考题：）

1. 零件在加工之前为什么要划线？什么叫划线基准？如何选择划线基准？

2. 锯削时，锯条产生锯齿崩落或过快磨钝的原因是什么？锯条折断的原因又是什么？

3. 应如何确定螺纹底孔的钻孔直径？对于脆性材料和韧性材料，攻丝之前的钻底孔直径有什么不同？

实习 成绩		指导教师签名		批阅 日期	年　月　日

10. 金工实习报告（刨工）

班级_____ 姓名_____ 学号_____ 日期_____ 成绩_____

实习课题	刨削 V 形块的加工工艺及实际加工操作		
零件图		工艺说明	1. 毛坯种类和材料：_____ 2. 刨床型号：_____ 3. 装夹方法：_____

	序号	加 工 内 容	刀具简图	操作要点说明
操作步骤与记录	1.			
	2.			
	3.			
	4.			
	5.			
	6.			

（实习思考题：）

1. 刨削运动有什么特点？牛头刨床滑枕往复直线运动的速度是如何变化的？为什么？

2. 刨刀与车刀相比较，有哪些相同之处和不同之处？

3. 在牛头刨床上刨削垂直面或刨削斜面时，为什么需要将刀座偏转一个角度？正确的刀座偏转方向应当如何确定？

实习成绩		指导教师签名		批阅日期	年　月　日

11. 金工实习报告（磨工）

班级_____ 姓名_____ 学号_____ 日期_____ 成绩_____

实习课题	1. 外圆锥面的磨削加工	2. 平面磨削加工
零件图	 (材料：A3)	 (材料：A3)
毛坯情况		
工件安装方法		
砂轮规格参数		
磨削用量		
备注		

（实习思考题：）

1. 磨削加工的特点是什么？为什么会有这些特点？

2. 砂轮为什么要平衡？砂轮为什么要修整？简要说明它们的操作过程

3. 为什么磨床的自动纵向进给和自动横向进给，都采用液压传动而不采用齿轮传动？

| 实习
成绩 | | 指导教师签名 | | 批阅
日期 | | 年　月　日 |

12. 金工实习报告（线切割加工）

班级_____ 姓名_____ 学号_____ 日期_____ 成绩_____

实习课题	1. 线切割加工五角星零件	2. 线切割加工钳工样板零件
零件图	 36° 20 （A3铁板，2 mm厚）	 R12 R10 R3 R3 44 11 36 54 （A3铁板，3 mm厚）
机床型号		
安装方法		
控制系统型号		
参考加工程序		

（实习思考题：）

1. 试说明特种加工方法的分类，并说明特种加工技术的主要优点。

2. 在 3B 指令代码的一般格式中，指令各项的含义是什么？

3. 快走丝型与慢走丝型线切割加工有何区别？各用在什么场合？

| 实习
成绩 | | 指导教师签名 | | 批阅
日期 | | 年　月　日 |

13. 金工实习报告（电火花成形）

班级_____ 姓名_____ 学号_____ 日期_____ 成绩_____

实习 课题	用电火花成型方法在试样上刻蚀凹形字母和凹形图样（凹陷的深度为 5 mm）	
零 件 图		
机床 型号		
电极 情况		
控制 系统 型号		
加 工 参 数		

（实习思考题:）

1. 试述电火花成形加工的基本原理及加工过程。

2. 电火花成形加工时，选择工具电极材料的依据是什么？通常选用何种电极材料？

3. 与传统机械加工方法相比，特种加工方法的应用对现代制造方法产生了什么影响？

| 实习
成绩 | | 指导教师签名 | | 批阅
日期 | | 年　月　日 |

14. 金工实习报告（数控车床）

班级_____ 姓名_____ 学号_____ 日期_____ 成绩_____

实习课题	1. 圆弧轴的数控车削加工工艺	2. 曲面螺纹轴的数控车削加工工艺
零件图		
机床型号		
数控系统型号		
数控加工参考程序		

（实习思考题：）

1. 什么是工件坐标系？什么是机床坐标系？两者之间是什么关系？

2. 数控机床编程的方法有哪两种？简要说明数控机床手工编程的步骤和内容。

3. 在数控车床上编程时，应该如何确定圆弧插补指令 G02、G03 的顺逆方向？

实习 成绩		指导教师签名		批阅 日期		年　月　日

15. 金工实习报告（数控铣床）

班级_____ 姓名_____ 学号_____ 日期_____ 成绩_____

实习课题	凹槽模板零件的数控铣削加工（立铣刀直径为 $\phi12$ mm，铣深 4 mm，实际加工完成）	
零件图	（材料：铸铝）	毛坯情况：_____ 装夹方法：_____ 机床型号：_____ 数控系统型号：_____

序号	程　序　段	程序说明
N010		

数控加工参考程序

（实习思考题：）

1. 试写出你使用过的数控铣床的开机、回零、对刀、关机的操作步骤。

序号	开 机	回 零	对 刀	关 机
1				
2				
3				
4				
5				

2. 数控铣床与普通铣床有哪些主要的区别？

3. 什么是工件坐标系？什么是机床坐标系？两者之间是什么关系？

实习成绩		指导教师签名		批阅日期	年 月 日

16. 金工实习报告（数控雕刻机床）

班级_____ 姓名_____ 学号_____ 日期_____ 成绩_____

实习课题	用数控雕刻机床进行数控雕刻加工		
零件图	 （点划线为加工轨迹,字宽6 mm）		毛坯情况： _____ 安装方法： _____ 机床型号： _____ 系统类型： _____ _____
序号	加 工 程 序	刀具	操作说明

（实习思考题:）

1. 试说明数控雕刻机床的工作原理和主要加工范围。

2. 什么是数控浮雕？如何将简单的二维图形转化为浮雕效果？试写出主要操作步骤。

3. 试比较数控雕刻机床与数控铣床主要有哪些异同？

实习 成绩		指导教师签名		批阅 日期	年　月　日

17. 金工实习报告（加工中心）

班级_____ 姓名_____ 学号_____ 日期_____ 成绩_____

实习课题	型腔模具镶块的数控加工	
零件图		毛坯情况： _____ 安装方法： _____ 机床型号： _____ 系统类型： _____

加工程序	序号	数控加工程序	程序说明

（实习思考题：）

1. 加工中心适合于加工哪些零件？加工中心编程的特点是什么？

2. 确定数控加工的走刀路线时，通常需要考虑哪些问题？

3. 什么是数控加工自动编程？常用的自动编程软件有哪几种？为什么说计算机辅助自动编程不可能离开操作人员的指挥和控制？

实习成绩		指导教师签名		批阅日期	年　月　日

实习 成绩	
教师 签字	

金工实习总结报告

姓　名：_____

学　院：_____

班　级：_____

学　号：_____

日　期：_____

撰写要求：

1. "金工实习总结报告"是考核金工实习效果的重要依据，学生在金工实习后的一周时间内完成，由班长收齐交到机电工程训练中心办公室。

2. 在总结报告中应说明各工种所使用设备的型号、名称、主参数，必要时绘出外型简图；简要说明1~2种机床的传动原理或操作方法；举例说明零件的加工工艺流程。

3. 在总结报告中涉及到机械加工工种时，应说明工件材质、刀具材料、加工切削用量；在总结报告中涉及热加工工种时，应说明工件的材料硬度，加热温度，设备的电流、电压等参数；在总结报告中涉及数控机床时，应简单说明数控机床控制面板的操作，并对比普通机床的操作过程，说明传统加工方法与现代加工方法的主要不同之处。

4. 金工实习总结报告以3 000~3 600字为宜，可以手写，也可以A4纸单面打印，在总结报告中，应当有学生的实习体会、感想、建议等内容。

（金工实习总结报告正文，篇幅不够可另加白纸）

参 考 文 献

[1] 孙以安，鞠鲁粤．金工实习［M］．上海：上海交通大学出版社，1999.

[2] 孙以安，陈茂贞．金工实习教学指导［M］．上海：上海交通大学出版社，1998.

[3] 沈剑标．金工实习［M］．北京：机械工业出版社，2004.

[4] 黎伟泉．金工实习［M］．广州：华南理工大学出版社，2005.

[5] 黄明宇，徐钟林．金工实习（下册）［M］．北京：机械工业出版社，2002.

[6] 郭永环，姜银方．金工实习［M］．北京：北京大学出版社，2006.

[7] 鞠鲁粤．金工实习报告［M］．上海：上海交通大学出版社，2001.

[8] 张远明．金属工艺学实习教材［M］．北京：高等教育出版社，2003.

[9] 马宝吉．机械制造工程实践［M］．西安：西北工业大学出版社，2003.

[10] 张木青，于兆勤．机械制造工程训练教材［M］．广州：华南理工大学出版社，2004.

[11] 杨慧智．机械制造基础实习［M］．北京：高等教育出版社，2002.

[12] 黄如林．金工实习教程［M］．上海：上海交通大学出版社，2003.

[13] 陈培里．金属工艺学实习指导及实习报告［M］．杭州：浙江大学出版社，1996.

[14] 张兴华．制造技术实习［M］．北京：北京航空航天大学出版社，2005.

[15] 宋树恢，朱华炳．工程训练［M］．合肥：合肥工业大学出版社，2007.

[16] 巫世晶．工程实践［M］．北京：中国电力出版社，2007.

[17] 邓文英．金属工艺学（上、下册，第四版）［M］．北京：高等教育出版社，2000.

[18] 刘峰．机械制造工程训练［M］．东营：石油大学出版社，2003.

[19] 严绍华，张学政．金属工艺学实习［M］．北京：清华大学出版社，2006.

[20] 金禧德．金工实习［M］．北京：高等教育出版社，1993.